美魔女
月子餐

黃于芯醫師 編著

美魔女月子餐
專業又獨特

陳潮宗中醫診所院長
臺灣基層中醫師協會理事長
臺灣中醫美容醫學會理事長
臺北市中醫師公會名譽理事長
臺灣中醫臨床醫學會名譽理事長

陳潮宗

　　坐月子是女人一生中很重要的一個調整生理機轉的時機，其中利用月子餐的調理，就顯得格外重要。正確的坐月子藥膳，除了可以促進新陳代謝、盡速恢復產婦健康外，甚至可以有效地改善手腳冰冷、怕冷、怕風、腰酸背痛……等情況。

　　坐月子的補膳，不是以前一成不變的麻油雞進補。正確的坐月子補養藥膳，是要有分階段性進補的。《美魔女月子餐》將月子餐補養藥膳分成四個階段來調理產婦，每個階段月子餐都是市面上難得一見的補膳，它是黃于芯醫師多年的教授月子餐心得及行醫二十餘年的經驗累積編著而成的，是以中醫的專業觀點，調製成美味健康的營養月子餐，讓「藥借食力，食助藥威」發揮到淋漓盡致。

　　《美魔女月子餐》用天然食材結合溫和中藥，做成可口的料理，是一本專業又獨特的月子餐補養食譜，讓坐月子變得輕鬆又健康美麗。

實用又實惠
月子餐極品

溫亞中西醫聯合診所院長
知名美魔女醫師

彭溫雅

　　坐月子對產後的婦女很重要，眾所皆知，但是要怎麼煮月子餐？要怎樣藉著月子餐藥膳來調理？卻常常令人無所適從。

　　坐月子的補養藥膳，要讓人吃起來有食物的美味，卻無喝藥的感覺；要有療效，卻不是亂補一通，尤其是中醫博士根據多年行醫經驗的累積，從養生的觀點所調製的月子餐，更是專業。《美魔女月子餐》具備了以上的優點，本書的食補料理，兼具美味、營養、健康，是月子餐食譜中的極品，除了坐月子可以食用外，也可作為平時的養生食補。

　　自古發明藥膳以來，總以湯品藥膳為主，因為人體對湯藥容易吸收外，燉煮成湯的藥膳，可以保存食材的營養與美味。清朝李漁說：「寧可食無饌，不可飯無湯。」，說明了湯品在三餐中的重要性。《美魔女月子餐》主要以湯品藥膳，來調理坐月子的四個階段。書中的料理，用天然的蔬果結合溫和的中藥，可口美味又營養，讓人有喝湯不喝藥的感覺。

　　《美魔女月子餐》是自產後第三天開始至滿月的補膳料理，從食材的選擇到料理製作的完成，鉅細靡遺，不僅美味營養，還能讓坐完月子的婦女，可以恢復健康美麗，實用又實惠。

坐月子　窈窕美麗又健康

俗話說：「生孩子生得過燒酒香；生不過棺材板。」說明生產對女人來說，是生死交關的時候，也是人生一個重要的時刻。

由於生產時造成的產創及出血，使產婦元氣大受損傷，抵抗力也會減弱，所以坐月子對產婦的身體恢復很重要，坐月子可以說是女人健康的一個重要的轉捩點，調養得當，不但健康恢復快速，而且可以改善體質；調養不當，不但身心健康無法恢復很好，日後可能引發許多毛病。

一個女人可以因為正確的坐月子，變得更加健康美麗！用溫和的中藥加天然食材來調理，不僅可以大補氣血，很快恢復健康，也可以改善體質。本書是介紹常見的中藥材和食材做成調理產婦坐月子的食補藥膳，既營養、健康又不增加身體負擔的月子料理。作者根據多年來在中醫師公會、救國團、勞動部職訓局教授藥膳、月子餐料理的心得，及本身行醫二十餘年的經驗編著而成的，可以調理產婦坐月子期間的身心健康，也可以幫助產後身體盡速復原，坐完月子後，更加美麗健康，成為一個窈窕美麗又健康的美魔女。

黃于芯中醫診所院長　

目錄

知識篇

✏ 中醫坐月子的調理概說

婦女在生產時，因為用力使體力耗損，且大量失血，致使氣虛血不足，所以產婦坐月子是恢復體力、健康，及補氣血、調養身體的最佳時機。

產婦約 6 ～ 8 周，才會恢復到妊娠前的生理狀態。坐月子的調養正確與否，關係到以後的身體狀況，是體質調整的黃金期。

坐月子的目的除了足夠的休息外，還要有均衡的營養，趁坐月子時，按照正確的坐月子方式，用中藥補膳調養身體，可以治療一些生產前身體上的症狀，是掌控生理機轉、養生除疾的好時機，也可以幫助產後身體盡快恢復健康。

由於生產時造成的產創及出血，使產婦氣血兩虛，所以中醫的觀點，飲食首要以調養氣血為主；而且產婦在產後的體質，一般都屬於虛寒型的，所以產婦飲食的第一原則就是要「溫補」，因此在食材、藥材上的選擇，要選擇屬性是溫、熱的，或是屬性平的，避免使用寒、涼性的食材和藥材。

我們日常所吃的蔬果、肉、海鮮和中藥一樣，有著寒、熱、溫、涼、平的屬性和酸、苦、甘、辛、鹹五味的特性。利用常見屬性平、溫、熱的中藥和天然食材，料理成美味、營養、健康的月子餐，既可改善體質又可鞏固健康。

✐ 中醫坐月子的四個階段調理要點

中醫坐月子的調養，可以分四個調理階段，每個階段的食補營養都要補氣、補血外，各個階段都有其營養調理的重點：

一、產後第 3 ～ 9 天

調理要點補氣血、養血、化瘀消腫、排除惡露、促進傷口癒合。

飲食料理除了補氣血、養血外，還要促進子宮收縮，將產後子宮內瘀血排淨（也就是排除惡露），讓子宮及早恢復機能，並促進傷口癒合。

排惡露可服用生化湯，自然產在產後第 3 天服用，剖婦產在產後第 5 天服用，大約服用 5 帖，不超過 7 帖為宜。剛生產完氣血兩虛，也要吃補膳，但如果傷口未癒，則不宜吃熱補的食物、藥材及加酒的食補，可用肉湯、雞湯、魚湯等湯類進補。

二、產後第 10 ～ 16 天

調理要點除了補氣血外，還要滋養新血，並增加泌乳量、促進體能。

產後第二周產婦開始餵母乳，飲食料理除了補氣血外，還要增添促進乳汁分泌的藥材（如：王不留行子、通草）或食材（如：木瓜、花生、牛奶、蝦、豬蹄、魚……等）。

本階段可多吃富含膠原蛋白、蛋白質、各種維生素的食物，且要多喝湯汁，以促進乳汁分泌；忌吃小麥麩、麥芽、雞內金、

神麴等減少乳汁分泌的食材或藥材。食用補血食物，忌吃富含鞣酸的蔬果，如柿子、菠菜，以免影響鐵質的吸收。

三、產後第 17 ～ 23 天

調理要點除了氣血雙補外，還要補精養血。

飲食料理要著重養血、補血兼補氣，並調整體內臟腑功能，增強體質及抵抗力，增加身體細胞活性，促進新陳代謝，使產婦的臟器恢復到健康的狀態，讓產婦的體質及身心都獲得良好的改善。

四、產後第 24 天～滿月

調理要點除補血補氣外，還要加強骨盆和筋骨、肌肉的復原，促進因懷孕而鬆弛的肌肉恢復彈性及子宮的復原。

藉著膳食的調理，使產婦氣血恢復，並增加機體自我修復能力，恢復肌肉彈性，使骨盆、筋骨、肌肉、子宮恢復健康狀況。這個階段的飲食料理除補氣血的食材和藥材外，還可添加杜仲、續斷、五加皮、桑寄生、巴戟天……等中藥來調理產婦的骨盆和筋骨。

✎ 剖婦產坐月子調理的注意要點

　　剖婦產的產婦坐月子，除了要根據上述坐月子四個調理階段來調理外，還要注意以下各點：

1. 手術後要有排氣才可進食，排氣後首餐以流質食物為主。
2. 為避免脹氣，手術完一周內，不宜食用豆類、蛋、牛奶、發酵食物等易脹氣的食物。
3. 因傷口未癒合，產後第一周內，避免吃熱補的食物，譬如加了酒的補膳。
4. 產後一周可攝取高蛋白的食物，如：魚、雞精、鮮奶、肉類等，可幫助身體組織修復。
5. 要多吃蔬果，促進腸蠕動，預防便秘。
6. 產後傷口癒合，開始使用熱補（大約產後第二周）。
7. 勿過度服用生化湯，以五帖較為適合。

產後藥膳調理概念及注意事項

一、產後藥膳調理概念

「藥食同源」是中醫自古以來的觀點，而藥膳是用中藥材和食材的完美結合，是將藥材作為食物，又將食物賦予藥用，藥借食力，食助藥威，相輔相成。藉著藥膳滋補強身，既有營養價值又可強身防病、改善體質，迅速恢復產婦體力與健康。藥膳是保健養生和袪病、防病最好的輔助方法，但在坐月子期間產婦有任何身體的不適，仍應立即就診。

二、產後藥膳調理注意事項

1. 要使用安全性的、屬性平、溫、熱的藥材。
2. 藥材的劑量不可過量。
3. 對產後坐月子的藥膳料理，了解其基本的功效。
4. 要選擇合適的烹調方式，以保持食材的營養與味道，大多用燉、煮成湯品的方式較多。
5. 要選擇適合產婦體質的藥膳，依據產婦寒熱虛實的身體狀況來煮藥膳；一般產婦皆是屬氣血兩虛、屬寒體質為多。
6. 要配合產婦身體狀況選擇食材及藥材，產婦如傷口未癒、有發炎現象，或有疾病產生時，則不宜吃熱補藥膳。
7. 要了解食材的性味，屬性以性平、溫、熱的食材為主。
8. 正確的選擇煮藥膳的器具：以有鍋蓋的陶、瓷、砂鍋最好，因為導熱均勻、保溫性佳，也可避免與藥物產生化學反應，而影

響藥效，使藥物在器皿內，可以充分受熱而溶出有效成份；或用耐高溫的玻璃鍋具、不銹鋼鍋亦可。不要使用鋁、銅、鐵鍋，以免藥物與金屬產生化學反應而降低藥效。煮產婦一人份藥膳的鍋子不宜過大，以口徑約19公分、深度約11公分左右最適宜。

9. 燉煮藥膳要用冷的清水，不可用溫水、熱水或滾燙的水。因為當熱水沖入乾燥的藥材表面時，藥材表面突然受到高溫，會立刻緊縮、凝固，尤其含有蛋白質的藥材（蛋白質遇到高溫會凝固），因此阻礙水分進入藥材內，使藥材內部的成分難以被溶解出來，大大影響了藥材有效成分的釋出。

10. 藥膳要兼具安全、健康、美味又營養。

附注：不鏽鋼編號是標示材質的分類方法，常見的有 200、300、400 三大類，其中以編號 304 和 316 系列的材質及穩定性較好。

✏ 坐月子食材選購與菜單設計及製作原則

一、食材選購原則

1. 避免生冷、寒涼。
2. 盡量選購時令食材。
3. 要新鮮，盡量不用加工品。
4. 營養豐富、易消化。
5. 菜色多變且豐富。
6. 要挑選屬性平、溫、熱的食材。
7. 食材應盡量包含魚、肉、奶、蛋、蔬菜、水果。

二、菜單的設計及製作原則

1. 每日飲食要多種多樣、葷素兼備（素食者除外）。
2. 富於營養、易消化吸收，能幫助產婦復原的食物，要加強鈣、鐵、纖維素、維生素、礦物質、膳食纖維、蛋白質的補充，尤其蛋白質。（鐵：補充因妊娠、生產而流失的鐵。鈣：幫助新產媽咪恢復身材，預防骨質疏鬆。維生素 C：可提高免疫力，促進傷口癒合，淡化臉上黑斑。膳食纖維：促進腸子蠕動，預防便秘，減少脂肪囤積，幫助減肥。蛋白質：補充人體所需的能量，促進傷口癒合，提升母奶的質量。）
3. 以煮成湯類較多，少用油炸的烹飪方法。
4. 脂肪類以不超過總熱量的三分之一為度。
5. 蔬果、魚肉、五穀雜糧要均衡，以營養均衡為原則。

6. 少量多餐。少量：每日的三餐，除了白飯外，至少包含有一道湯、二樣家常菜、一份水果為主，量不必太多，份量皆為一人份；湯和家常菜中要包含有魚（或海產）、肉、蔬菜。多餐：分早餐、上午點心、午餐、下午點心、晚餐、晚上點心。點心可以一碗湯、或一碗粥、或一碗糊⋯⋯，簡單即可。

7. 避免寒涼、生冷食物，如冷菜、冷飲、涼拌菜等。

8. 避免加太多的調味料，少刺激性，避免太辛辣、太燥。

9. 飲食不宜過鹹，盡量少鹽、少醬油、少醋，以清淡不油膩為主。

10. 月子餐要現做現吃最好，不宜過餐食用；放置時間較長的剩菜、剩飯，容易引起產婦消化功能不良。

11. 酒不宜過量。

12. 產婦產道傷口未癒，或身體有發炎現象，或「有火氣」的狀況，不可吃性溫或性熱的食物，要使用性平的食材。

13. 菜單要隨著產婦身體狀況調整。

✏️ 常見食材的平、溫、熱、涼、寒屬性

一、性平的食物

1. **調味品類**：冰糖、白糖、味精、蜂蜜、豆瓣醬、黑麻油、橄欖油、破布子。

2. **五穀雜糧豆類**：赤小豆（紅豆）、黃豆、豆鼓、蠶豆、扁豆、毛豆、黑豆、芝麻、粳米（蓬萊米）、秈米（在來米）、玉米、燕麥、鍋巴。

3. **蔬菜類**：猴頭菇、香菇、蘑菇、熟花椰菜、山藥、花生、玉米筍、胡蘿蔔、番薯、番薯葉、甜椒、茼蒿菜、高麗菜、芋頭、豌豆、四季豆、長豆（菜豆）、豌豆苗、甜豆（荷蘭豆）、扁豆莢、青江菜、馬鈴薯、韭菜花、竹笙、白木耳、黑木耳、熟菱角、杏鮑菇、扁蒲、蕪菁（結頭菜、大頭菜）。

4. **水果類**：橄欖、李子、葡萄、鳳梨、蘋果、檸檬、無花果、波羅蜜、椰子肉、蜜棗、梅子、百香果、蟠桃、無花果。

5. **肉類**：豬肉、烏骨雞、鵝肉、鵝血、鴿肉、鱉肉、鵪鶉肉、豬血、豬骨髓、豬小肚、豬心、豬肺、豬腎、豬胰、豬排骨、豬腸、豬皮、豬蹄、牛肚、牛肝、牛筋、牛奶、羊肚。

6. **蛋類**：鴿子蛋、鵪鶉蛋、雞蛋。

7. **海產類**：鮑魚、干貝、九孔、鯧魚、黃魚、鯽魚、鯉魚、鱸魚、鰻魚、泥鰍、鯖魚、沙丁魚、鮭魚、銀魚、金線魚、土虱、魚翅、海膽、鱘魚、烏賊（墨魚）、魷魚、花枝、比目魚、鱈魚、鮪魚、鯊魚、臺灣鯛（吳郭魚）、香魚、肉魚、秋刀魚、土魠魚、四破魚、

竹筴魚、飛魚、剝皮魚、嘉鱲魚、象魚（臭肚魚）、西施舌。

8. **乾果類**：白果、葵花子、柏子仁、杏仁、黑芝麻、腰果、芡實、蓮子、枸杞、花生、南瓜子、西瓜子、愛玉果、蜜棗乾。

二、性溫的食物

1. **調味品類**：大蒜、生薑、乾薑、花椒、沙茶醬、大茴香（八角）、小茴香、紅糖、紅砂糖、醋、麥芽糖、蔗糖、巧克力、花生油、葵花籽油、棉籽油、植物油、桂枝。

2. **五穀雜糧豆類**：糯米、紫米（紫糯米）、黑米、高粱、西谷米（西米）、稻芽、麵、黍米。

3. **蔬菜類**：熟蓮藕、韭菜、九層塔、紫蘇、洋蔥、芥菜（刈菜）、芥菜心、雪裡紅、酸菜、榨菜、梅乾菜、南瓜、刀豆、香菜（芫荽）、青蒜、蔥、茴香苗、蘿勒、香薷、薤白、蒟蒻、檸檬香茅、鴻喜菇（姬菇）。

4. **水果類**：木瓜、山楂、荔枝、龍眼、番石榴、石榴、大棗、黃皮果、烏梅、椰汁、紅毛丹、釋迦、桃子、杏、水蜜桃、櫻桃、熟甘蔗、楊梅、金桔。

5. **肉類**：羊骨、羊肝、雞肉、火腿、雞肝、豬肝、豬肚、牛肉、羊肉、羊奶、蠶蛹、鹿肉。

6. **蛋類**：鵝蛋、麻雀蛋。

7. **海產類**：鱒魚、草魚、鰱魚、鱔魚、刀魚、大頭魚、帶魚、鯰魚、淡菜、蝦、龍蝦、海參、海蜇皮。

8. **乾果類**：金桔餅、開心果、栗子、核桃、胡桃仁、松子仁、桂圓肉、乾荔枝肉、紅棗、黑棗。

三、性熱的食物

1. **調味品類**：辣椒、肉桂、胡椒粉、咖哩粉、山葵（芥末）、酒。
2. **水果類**：榴槤。

四、性涼的食物

1. **調味品類**：香油
2. **五穀雜糧豆類**：粟米（小米）、蕎麥、大麥、浮小麥、豆腐、黃豆芽、薏苡仁（微涼）。
3. **蔬菜類**：筊白筍、生花椰菜、莧菜、萵苣（Ａ菜、大陸妹、蘿蔓）、美生菜、茄子、白蘿蔔、胡瓜、黃瓜、絲瓜、節瓜、黃花菜、冬瓜、西洋芹、芹菜、牛蒡、油菜、小松菜（日本油菜）、楊桃豆、鷓鴣菜、佛手瓜、波菜、芥藍菜、娃娃菜、包心白菜、皇宮菜、紅鳳菜、生菱角、洋菇、金針菜、山蘇、苜蓿芽、石蓮花、甜菜根（微涼）。
4. **水果類**：梨、柳橙、柳丁、枇杷、蓮霧、草莓、山竹、橘子、火龍果、芒果、藍莓。
5. **肉類**：蛙肉、鴨肉、兔肉、羊肝。

6. **蛋類**：鴨蛋。

7. **海產類**：牡蠣。

8. **乾果類**：羅漢果。

五、性寒的食物

1. **調味品類**：食鹽、醬油、苦茶油（山茶油）。

2. **蔬菜類**：魚腥草、蘆薈、空心菜、草菇、山慈菇、金針菇（冬菇）、綠豆、綠豆芽、髮菜、蕨菜、荸薺（馬蹄）、苦瓜、蘆筍、竹筍、半天筍、冬筍、生蓮藕、仙人掌花、西洋菜、粉葛、秋葵、水蓮、過貓、龍鬚菜、黑子菜（龍葵）、馬齒莧（豬母奶）、油麥菜、百合（微寒）、小白菜（微寒）。

3. **水果類**：哈密瓜、香蕉、芭蕉、柿子、柚子、葡萄柚、椪柑、茂谷柑、桶柑、西瓜、香瓜、甜瓜、番茄、奇異果（獼猴桃）、生甘蔗、楊桃、桑葚。

4. **肉類**：鴨肉、豬腦。

5. **海產類**：紫菜、海帶、昆布、海藻、烏魚、蚌、田螺、泥螺、螺獅、蜆、蟹、蛤蜊、章魚。

6. **乾果類**：柿餅、菊花。

✎ 產婦坐月子期間身體寒熱狀況的簡易分辨

熱：口乾舌燥、口苦、口臭、口破、牙齦腫痛、牙齦出血、咽乾、咽疼、舌破、舌痛，流鼻血、手足心熱、小便灼熱、大便燥結，或傷口發炎，飲食宜選擇寒涼滋潤或性平的食材，**但症狀消失即刻恢復溫補。**

寒：畏寒、怕冷、四肢冰冷、手足心冷、面色蒼白、小便清白、大便稀溏，飲食要選擇偏溫、熱者或性平的食材 。

　　熱者涼補；寒者溫補、熱補。**但是產婦產後身體大多屬於虛寒體質，切勿使用寒涼食材。**

　　產婦若有任何身體不適，應即刻就醫。

調理篇

🖊 美魔女的小叮嚀

1. 青菜、肉、海產所做成的**家常菜**，本書提供參考不做料理示範，水果請以時令鮮品配合每日菜單，但是要以屬性為平、溫、熱為主。**非特殊情況下，不用寒、涼的蔬果、肉及海產（例如發燒、傷口發炎、牙齦腫痛、咽痛、流鼻血、嚴重便秘……等情況，不能吃屬性溫、熱的藥膳）。**

2. 月子餐要準備早餐、午餐、晚餐（三餐正餐）及上午點心、下午點心、晚上點心（三次點心），共六次餐點。點心可以一碗湯、或一碗粥、或一碗糊……，簡單即可。每次正餐除了白飯外，至少包含一道湯、二樣家常菜、一份水果，份量皆為一人份；湯和家常菜中要包含有魚（或海產）、肉、蔬菜。

3. 本書中使用電鍋煮熟的料理，其外鍋所放的水量皆為一杯水（電鍋所附的量杯）。用電鍋燉煮料理時，內鍋不必用蓋子蓋著，只蓋外鍋的鍋蓋即可。

4. 燉煮藥膳要使用冷的清水，不可使用溫水、熱水或沸水。

5. 素食者，請將月子餐料理中的肉、魚、蝦改成素肉；豬腎改成素腰花；不吃蔥、蒜改成香菜。

6. 本書月子餐料理雖是坐月子期間吃的，但是坐完月子，一樣可以用這些料理來調養身體喔！

第一階段
（產後第 3 ～ 9 天）

月子餐調理要點

1. 補氣血、養血
2. 化瘀消腫
3. 排除惡露
4. 促進傷口癒合

早餐	午餐	晚餐
湯 海參鴿蛋湯	湯 菱角鱸魚湯	湯 紅棗桂圓雞湯
家常菜 甜椒炒肉絲 煎肉魚	家常菜 炒高麗菜 清蒸梅花肉	家常菜 炒青江菜 炒薑絲豬肝
水果 芭樂半粒	水果 蘋果半粒	水果 葡萄 12 粒
上午點心 生化湯 銀耳芋頭糊	下午點心 生化湯 益智水餃 6 粒 （或參耆拌飯 1 碗）	晚上點心 首烏核桃粥

海參鴿蛋湯

材料

海參 90 克　紅棗 5 粒
老薑 2 克　鴿蛋 5 粒
鹽少許

功效

健腦、補血養血、增強
機體免疫力。

做法

1. 海參去內臟、內壁膜，
   洗淨，切小段備用。
2. 紅棗洗淨備用。
3. 老薑洗淨，切片備用。
4. 鴿蛋洗淨，水煮熟，
   去殼備用。
5. 海參、紅棗、生薑片、
   鴿蛋放入鍋內，加
   400CC 冷水，放入電
   鍋煮熟，起鍋加鹽即可。

銀耳芋頭糊

材 料

白木耳 3 克　芋頭 120 克　在來米粉 20 克　鹽少許

功 效

補氣和血、潤肺健胃、滋養補虛、化瘀消腫。

做 法

1. 白木耳冷水泡發，去黃色根部，切碎備用。
2. 芋頭洗淨，去皮，切薄片蒸熟，壓成泥狀備用。
3. 白木耳、芋頭、在來米粉放入鍋內，加 400CC 冷水，攪拌均勻，用電鍋煮熟，
   起鍋加鹽即可。

生化湯

材 料

當歸 4 錢　川芎 3 錢　桃仁 2 錢　黑薑 5 分　炙甘草 5 分　益母草 3 錢

功 效

生新血、化瘀消腫、活血、溫經止痛、排除惡露。

煎服法

1. 將所有藥材放入陶（瓷）鍋內，倒入冷水（水高過藥面 3 公分），大火煮滾，改小火煮 30 分鐘，大約剩 8 分碗的量，將藥水倒出備用。

2. 再倒入冷水（水與藥渣面平），大火煮滾，改小火煮 30 分鐘，約剩 8 分碗的量，藥水倒出備用。

3. 將兩次煎出的藥水混合後分成兩份。早上、下午各服一次，藥要溫服，如果藥汁已冷，必須加熱。

注意事項

自然產在產後第 3 天服用，剖婦產在產後第 5 天服用，大約服用 5 帖，不超過 7 帖為宜。一天一帖藥，在早上及下午點心時間喝。

認識中藥

當歸　　　川芎　　　桃仁　　　黑薑　　　炙甘草　　　益母草

菱角鱸魚湯

材 料

紅棗 5 粒　鮮菱角 5 粒　鱸魚 100 克　薑絲少許　鹽少許

功 效

補血養血、補腎、通乳、促進傷口癒合。

做 法

1. 紅棗洗淨備用。
2. 菱角洗淨，去殼備用。
3. 鱸魚去鱗片、腸雜，洗淨切小段，汆燙沖涼備用。
4. 紅棗、菱角、鱸魚、薑絲放入鍋內，加 400CC 冷水，用電鍋煮熟，起鍋加鹽即可。

益智水餃 （本料理取材自《蔬果養生健康 DIY》）

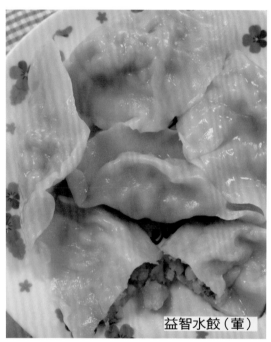

益智水餃（葷）

益智水餃（素）

材 料（約可包 70 粒水餃，可放在冰箱冷凍）

鮮蓮子 80 克　新鮮黃玉米 2 支　薑 20 克　小蘋果 1 粒（約 150 克）　蒜苗 1 支（約 50 克）　蔥 2 支（約 50 克）　水餃皮 1 包　豬絞肉半斤（素食用蛋 2 粒、香菇 30 克、太白粉 10 克代替）　鹽適量

功 效

補虛、養血補血、健腦、益智、明目。

做 法

1. 蔥、薑、蒜苗洗淨，切碎備用。
2. 蓮子洗淨，切碎備用。
3. 蘋果洗淨，去皮、籽，切碎備用。
4. 玉米去外葉、鬚，洗淨，用刀將整支玉米削薄層（像在削皮一樣，不可用刨刀，刨刀刨下的玉米會變太薄），備用。
5. 將薑、蔥、蒜苗、蓮子、蘋果、玉米碎片、絞肉、適量的鹽，攪拌均勻，即可包水餃了。

參耆拌飯

參耆拌飯（葷）

參耆拌飯（素）

材 料

黃耆 1.5 錢　黨參 1.5 錢　枸杞 1 錢　雞胸肉 120（素食用素肉）　香油半湯匙
黑芝麻 10 克　蓬萊米 1 杯（電鍋所附的量杯）　高麗菜 50 克　鹽少許

功 效

增強免疫力、補中益氣、明目。

做 法

1. 高麗菜洗淨，瀝乾水，冷開水洗過，切碎備用。
2. 枸杞冷開水洗淨備用。
3. 黃耆、黨參洗淨、放入鍋內，加 500CC 冷水，大火煮滾，改小火煮 30 分鐘，去藥渣，取汁待涼備用。
4. 雞胸肉滾水煮熟，待涼，切成小丁，加香油和鹽拌醃備用。
5. 白米洗淨，放入鍋內，先倒進藥汁，如果水量不足，再加適量的冷水，用電鍋煮成飯。
6. 飯熟時，加枸杞、芝麻、雞胸肉、高麗菜、鹽（不夠鹹再放），攪拌均勻，燜 10 分鐘即可（電鍋不必插電）。

附注：高麗菜最後放，如果飯煮的太爛，則高麗菜少放。如果飯煮得太硬，則高麗菜多放，再放入電鍋燜 10 分鐘（電鍋要插電）。

紅棗桂圓雞湯

材 料

紅棗 5 粒　桂圓肉 30 克　雞肉（帶骨）150 克

功 效

補血安神、益氣血、促進傷口癒合。

做 法

1. 紅棗洗淨備用。
2. 雞肉洗淨，切塊去皮，汆燙，沖涼備用。
3. 紅棗、桂圓肉、雞肉放入鍋內，加 700CC 冷水，大火煮滾，改小火煮 30 分鐘，
   雞肉熟爛即可。

認識中藥

紅棗

首烏核桃粥

材 料

何首烏 2 錢（用紗布袋裝）　黑芝麻粉 1 湯匙　核桃仁 20 克　黑米 50 克
紅糖適量

功 效

養血補血、烏黑頭髮、養顏美
容。

做 法

1. 黑米快洗一遍備用。
2. 核桃仁剁碎備用。
3. 何首烏洗淨，用小紗布袋裝
   好，和黑米、核桃仁放入鍋
   內，加 850CC 冷水，大火煮
   滾，改小火煮至黑米熟爛，
   取出何首烏藥渣，加黑芝麻
   粉、紅糖拌勻即可。

認識中藥

何首烏

紫米（黑糯米）

黑米（烏米、黑粳米）

紫米和黑米的不同
1. 紫米屬於糯米的一種，有糯米的特性，
   吃太多會消化不良；黑米則是粳米，容
   易消化，兩者都很營養。
2. 紫米和黑米都有黑色的麩皮，含有天然
   的花青素，是天然的抗氧化劑；紫米外
   型較長條，黑米較短胖。
3. 紫米富含醣類、蛋白質、不飽和脂肪
   酸、維生素 B、鈣、磷、鐵等礦物質，
   有膳食纖維，可促進腸胃蠕動，並有抗
   氧化的作用，能夠美容養顏；黑米含脂
   肪、蛋白質、維生素 B、碳水化合物及
   鈣、磷、鐵等礦物質，也有抗氧化的作
   用，能夠美容養顏、滋補強身。

早餐	午餐	晚餐
湯 紅棗花生蛋花湯	湯 黃耆刺五加魚肚湯	湯 山藥栗子腰花湯
家常菜 炒洋蔥 水煮明蝦	家常菜 炒豆苗 煎牛排	家常菜 炒扁蒲 白斬雞肉
水果 蜜棗 1 粒	水果 荔枝 8 粒	水果 桃子 1 粒
早上點心 生化湯 黨參乾麵	下午點心 生化湯 枸杞葡萄薯糊	晚上點心 蓮子蘋果粥

紅棗花生蛋花湯

材 料
紅棗 5 粒　鮮花生仁 50 克　雞蛋 1 粒　蔥花少許　鹽少許　香油少許

功 效
益氣、補血、養血、健腦、
促進傷口癒合。

做 法
1. 紅棗洗淨，去籽，果肉
切碎備用。
2. 花生仁洗淨，泡冷水一
晚，撈起備用。
3. 雞蛋洗淨去殼，放入碗
中，打散備用。
4. 花生仁放入鍋內，加
800CC 冷水，大火煮滾，
改小火煮 30 分鐘，加紅
棗、蛋（蛋要邊打散邊
倒入鍋內），蛋熟加蔥
花、鹽、香油即可。

黨參乾麵

材料
黨參 2 錢　香菜 5 克　甜椒 50 克（紅、黃甜椒各 25 克）　雞里肌 50 克（素食用素肉）　蘋果 20 克　麵條 1 人份　洋蔥 50 克　檸檬汁 1 湯匙　橄欖油 1 湯匙鹽少許

功效
養血、活血、補氣補血、造血、促進傷口癒合、增強免疫力。

做法
1. 黨參洗淨，冷開水洗過，瀝乾水，放入保溫杯（或燜燒杯）內，加 100CC 滾水，燜 40 分鐘，待涼，取黨參切小丁、藥汁備用。
2. 香菜洗淨，瀝乾水，冷開水洗過，切碎備用。
3. 甜椒洗淨，去籽、蒂頭，切小丁備用。
4. 雞里肌洗淨，切小丁備用。
5. 蘋果洗淨，去皮、籽，取果肉 20 克切碎備用。
6. 洋蔥洗淨，去外皮，泡冷水片刻（切時才不會刺激眼睛），切小丁備用。
7. 橄欖油倒入鍋，油熱放入洋蔥爆香，再放雞里肌炒半熟，加入甜椒、蘋果、檸檬汁、黨參及泡黨參的水、鹽，煮成醬汁，拌麵用。
8. 另用一鍋水煮麵條，水滾下麵條，煮熟撈起，瀝乾水，與煮好的醬汁拌勻，撒上香菜即可。

黃耆刺五加魚肚湯

材 料
黃耆 2 錢　刺五加 1 錢（紗布袋裝）　紅棗 5 粒　黑豆 30 克　虱目魚肚 110 克（約半片）薑絲少許　鹽少許

功 效
補虛益氣、健脾益胃、補血養血、促進傷口癒合。

做 法
1. 黃耆、黑豆洗淨備用。
2. 紅棗洗淨，剝開果肉備用。
3. 虱目魚肚洗淨備用。
4. 黃耆、刺五加、紅棗、黑豆放入鍋內，加 900CC 冷水，大火煮滾，改小火煮 30 分鐘，撈去黃耆、刺五加、紅棗、黑豆藥渣取汁，轉中火，放入虱目魚肚、薑絲，魚肉熟加鹽即可。

注意事項
刺五加的刺不可殘留在藥汁中。

認識中藥

黨 參　　　　　黃 耆　　　　刺五加

枸杞葡萄薯糊

材 料

枸杞 3 錢　葡萄乾 50 克　馬鈴薯 150 克　玉米粉 20 克

功 效

造血補血、和胃健中、明目、益肝腎、增加免疫力。

做 法

1. 枸杞洗淨，切碎備用。
2. 葡萄乾切碎備用。
3. 馬鈴薯洗淨，去皮，挖掉牙眼，切薄片蒸熟，壓成泥狀備用。
4. 枸杞、葡萄乾、馬鈴薯、玉米粉放入鍋內，加 400CC 冷水，攪拌均勻，用電鍋
   煮熟即可。

認識中藥

枸 杞

山藥栗子腰花湯

材 料
鮮山藥 80 克　鮮栗子 6 粒　腰子、腰尺各 100 克（或豬腎 1 粒）　薑絲少許
鹽少許

功 效
補腎、強筋、強腰、健脾養胃、促進子宮復原。

做 法
1. 山藥去皮洗淨，切塊備用。
2. 栗子洗淨備用。
3. 腰子切開洗淨，去白色筋膜，用刀尖畫交叉斜線再
　 切片，汆燙，沖涼備用。
4. 腰尺洗淨切薄片，汆燙，沖涼備用。
5. 栗子、腰尺放入鍋內，加 700CC 冷水，中火煮 20
　 分鐘，放入山藥、腰子，腰子熟，加薑絲、鹽即可。

鮮栗子（板栗）
栗子又稱為「腎之果」

腰花切法

 ⇨ 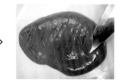 ⇨

用刀尖向左畫斜線　　　再向右畫斜線　　　成菱形紋再切片

蓮子蘋果粥

材 料

蘋果 50 克　桂圓肉 30 克　鮮蓮子 30 克　核桃 20 克　蓬萊米 50 克

功 效

養血補血、安神，補益心脾、益智健腦、幫助睡眠。

做 法

1. 米洗淨備用。
2. 鮮蓮子洗淨備用。
3. 核桃剝碎備用。
4. 桂圓肉切碎備用。
5. 蘋果洗淨，去皮、核、籽，取果肉 50 克，切小丁備用。
6. 蘋果、桂圓肉、蓮子、核桃、米放入鍋內，加 400CC 冷水，用電鍋煮熟即可。

附注：蓬萊米就是我們平常吃的白米。

早餐	午餐	晚餐
湯	湯	湯
荔枝肝片湯	枸杞山藥鱸魚湯	黑木耳豬蹄湯
家常菜	家常菜	家常菜
炒薑絲高麗菜	清蒸肉丸子	鳳梨炒雞丁
滑蛋牛肉	炒青花菜	甜椒炒海參
水果	水果	水果
木瓜 150 克	李子 1 粒	百香果 1 粒
早上點心	下午點心	晚上點心
生化湯	生化湯	紅棗雞蛋糊
百香松仁粥	酪梨蛋餅	

荔枝肝片湯

材 料
鮮荔枝 5 粒（或乾荔枝肉 10 克）鮮蓮子 10 粒　枸杞 3 錢　豬肝 120 克
薑絲少許

功 效
養血補血、安神健脾、養肝明
目、促進傷口癒合。

做 法
1. 鮮荔枝洗淨，去殼、籽，冷
   開水沖過備用。
2. 鮮蓮子洗淨備用。
3. 枸杞洗淨備用。
4. 豬肝洗淨，切薄片，汆燙沖
   涼備用。
5. 蓮子、枸杞、薑絲放入鍋內，
   加 700CC 冷水，大火煮，蓮
   子熟，放入豬肝煮熟，加荔
   枝肉即可。

附注：可用桂圓肉替代荔枝肉。

百香松仁粥

材 料

松子仁 20 克　百香果 1 粒　鳳梨肉 50 克　蓬萊米 50 克　白糖適量

功 效

滋補強身、益氣、助消化、促進腸蠕動、美白養顏。

做 法

1. 米洗淨備用。
2. 百香果洗淨，瀝乾水，切開取穰包（籽）備用。
3. 鳳梨果肉切小丁備用。
4. 松子仁、鳳梨、米放入鍋內，加 400CC 冷水，用電鍋煮熟，起鍋加入百香果、
   糖攪拌均勻即可。

附注：若無百香果，則鳳梨肉改用 80 克。

枸杞山藥鱸魚湯

材 料

枸杞 3 錢　鮮山藥 100 克　鱸魚 100 克　薑絲少許　鹽少許

功 效

明目、補腎、通乳、促進傷口癒合。

做 法

1. 枸杞洗淨備用。
2. 山藥去皮洗淨，切塊備用。
3. 鱸魚去鱗片、腸雜洗淨，切塊，汆燙沖涼備用。
4. 枸杞、山藥、鱸魚、薑絲放入鍋內，加 400CC 冷水，用電鍋煮熟，起鍋加鹽即可。

酪梨蛋餅

材 料

酪梨果肉 80 克　高麗菜 50 克　香菜 3 克　雞蛋 1 粒　鹽少許　橄欖油 1 湯匙

功 效

健腦益智、保肝、滋補、幫助傷口癒合。

做 法

1. 高麗菜、香菜洗淨，瀝乾水，切碎備用。
2. 酪梨洗淨，去皮、籽，取果肉 80 克切碎備用。
3. 蛋洗淨，去殼，蛋汁用大碗裝，放入高麗菜、香菜、鹽，攪勻成菜蛋汁備用。
4. 橄欖油入鍋，中火加熱後，轉文火，倒入菜蛋汁，搖動鍋子讓蛋汁分散到四周（中間才不會太厚）。
5. 蛋餅凝固成形，表面微有蛋汁未凝固時，均勻灑上酪梨後，將蛋餅翻半面成半月形，鍋鏟稍壓一下，反覆翻面煎，直至內層蛋汁熟，裝盤即可

黑木耳豬蹄湯

材 料

枸杞 2 錢　紅棗 3 粒　黑棗 3 粒　乾黑木耳 3 克　豬蹄 180 克　白醋 5CC
鹽少許

功 效

補腎益胃、補血養血、化瘀消腫、通乳、幫助排惡露、促進傷口癒合。

做 法

1. 枸杞、紅棗、黑棗洗淨備用。
2. 黑木耳冷水泡發，去根部洗淨，切絲備用。
3. 豬蹄去毛洗淨，切小塊，汆燙，沖涼備用。
4. 枸杞、紅棗、黑棗、黑木耳、豬蹄、白醋放入鍋內，加 400CC 冷水，用電鍋煮熟，
   豬蹄熟爛再起鍋加鹽即可。

注意事項

黑木耳具有可抑制血小板聚集的作用，易造成凝血功能不佳，促進血流，可幫助
排惡露，所以惡露將止或惡露排淨後，則不宜再吃黑木耳。

紅棗雞蛋糊

材 料
紅棗 5 粒　馬鈴薯 150 克　雞蛋 1 粒　玉米粉 20 克　鹽少許

功 效
健脾益胃、養血補血、安神、增強體力、健腦益智。

做 法
1. 紅棗洗淨，去籽，切碎備用。
2. 馬鈴薯洗淨，去皮，挖去芽眼，切薄片，蒸熟，壓成泥狀備用。
3. 雞蛋洗淨，去殼，放入碗內打散備用。
4. 玉米粉放入碗內，加 50CC 冷水攪拌備用。
5. 紅棗、馬鈴薯放入鍋內，加 400CC 冷水，大火煮滾，改中火，倒入蛋汁、玉米粉水，邊煮邊攪拌，糊滾加鹽即可。

早餐	午餐	晚餐
湯	湯	湯
黃耆石斑湯	川芎蔥蛋湯	蓮子棗雞湯
家常菜	家常菜	家常菜
炒洋蔥	玉米筍炒蝦仁	炒番薯葉
清蒸牛肉切片	煎黃魚	甜椒炒花枝
水果	水果	水果
釋迦半粒	水蜜桃 1 粒	龍眼 12 粒
早上點心	下午點心	晚上點心
生化湯	生化湯	厚朴草魚粥
紅薯花生糊	芋頭枸杞菜餅	

黃耆石斑湯

材 料

黃耆 3 錢　紅棗 5 粒　石斑魚 150 克　薑絲少許

功 效

補氣、補血養血、促進傷口癒合、健脾益胃。

做 法

1. 黃耆、紅棗洗淨備用。
2. 石斑魚去鱗片、腸雜，洗淨備用。
3. 黃耆、紅棗、石斑魚、薑絲放入鍋內，加 400CC 冷水，用電鍋煮熟，起鍋挾掉黃耆藥渣即可。

紅薯花生糊

材 料

紅番薯 100 克　花生粉 30 克　番薯粉 20 克　薑絲少許　白糖適量

功 效

補虛乏、益氣力、健脾胃、健腦、促進乳汁分泌、促進傷口癒合。

做 法

1. 紅番薯洗淨，去皮切碎備用。
2. 紅番薯、花生粉、番薯粉放入鍋內，加 400CC 冷水，攪拌均勻，用電鍋煮熟，
   起鍋加薑絲、白糖即可。

川芎蔥蛋湯

材 料

川芎 3 錢　雞蛋 1 粒　蔥花少許　鹽少許

功 效

活血行氣、祛瘀消腫、幫助排惡露、健腦。

做 法

1. 川芎洗淨備用。
2. 雞蛋洗淨去殼，放入碗中，打散備用。
3. 川芎放入鍋內，加 700CC 冷水，大火煮滾，改小火煮 30 分鐘，撈去川芎藥渣，轉中火，將蛋汁邊打散邊倒入鍋內，蛋熟加蔥花、鹽即可。

芋頭枸杞菜餅

材 料

芋頭 50 克　枸杞 1 錢　高麗菜 30 克　雞蛋 1 粒　橄欖油 1 湯匙　薑末少許
鹽少許

功 效

益胃健脾、補血、增強免疫功能。

做 法

1. 芋頭洗淨去皮，切薄片蒸熟，壓成泥狀備用。
2. 枸杞洗淨備用。
3. 高麗菜洗淨，瀝乾水，切碎備用。
4. 雞蛋洗淨去殼，放入碗內，加芋頭泥、枸杞、高麗菜、薑末、鹽攪拌均勻備用。
5. 橄欖油倒入鍋內，文火加熱，倒入芋頭枸杞菜泥，煎熟即可。

蓮子棗雞湯

材 料

鮮蓮子 50 克　紅棗 3 粒　黑棗 3 粒　烏骨雞雞腿 1 隻　紅蘿蔔 30 克
蔥花少許　鹽少許

功 效

益腎健脾、補血養血、補肝明目、抗衰老、促進傷口癒合。

做 法

1. 蓮子洗淨備用。
2. 紅棗、黑棗洗淨備用。
3. 烏骨雞雞腿洗淨切塊，汆燙，沖涼備用。
4. 紅蘿蔔去皮洗淨，切片備用。
5. 蓮子、紅棗、黑棗、雞腿、紅蘿蔔放入鍋內，加 400CC 冷水，用電鍋煮熟，起
   鍋加蔥花、鹽即可。

認識中藥

乾蓮子

鮮蓮子

厚朴草魚粥

材料

厚朴（薑製）1 錢　陳皮 1 錢（以上藥材紗布袋裝）　草魚 80 克　蓬萊米 50 克
蔥花少許　薑絲少許　鹽少許

功效

幫助排氣、促進消化、開胃滋補、抗衰老、促進傷口癒合。

做法

1. 米洗淨備用。
2. 陳皮、厚朴洗淨，用紗布袋裝，袋口繫緊備用。
3. 草魚洗淨，去魚骨，取肉切丁備用。
4. 裝藥材的紗布袋、草魚、米放入鍋內，加 400CC 冷水，用電鍋煮熟，起鍋取出
   小藥袋，加蔥花、薑絲、鹽即可。

認識中藥

厚朴（薑製）

產後
第 **7** 天

早餐	午餐	晚餐
湯	湯	湯
紅白黑豬心湯	參棗鱈魚湯	雞血藤瘦肉湯
家常菜	家常菜	家常菜
炒茼蒿菜	炒玉米筍	炒杏鮑菇
紅蘿蔔炒牛腩	四季豆炒雞丁	腰果炒魷魚
水果	水果	水果
蘋果半粒	紅毛丹 6 粒	櫻桃 8 粒
早上點心	下午點心	晚上點心
生化湯	生化湯	枸杞番薯粥
百香松仁粥	黃耆刺五加魚肚湯	
（做法請見第 41 頁）	（做法請見第 36 頁）	

紅白黑豬心湯

材 料
紅棗 5 粒　白木耳 3 克　乾黑木耳 3 克　豬心 1/3 顆　薑絲少許　蔥花少許　鹽少許

功 效
行血、袪瘀消腫、幫助排惡
露、健腦、強心。

做 法
1. 紅棗洗淨備用。
2. 白木耳洗淨，冷水泡發，去
   黃色根部，切小片備用。
3. 黑木耳洗淨，冷水泡發，去
   根部，切小片備用。
4. 豬心去瘀血、筋膜，洗淨切
   片，汆燙，沖涼備用。
5. 紅棗、白木耳、黑木耳、豬
   心、薑絲放入鍋內，加 400CC 冷水，用電鍋煮熟，起鍋加蔥花、鹽即可。

注意事項
黑木耳具有可抑制血小板聚集的作用，易造成凝血功能不佳，促進血流，可幫助
排惡露，所以惡露將止或惡露排淨後則不宜再吃黑木耳。

參棗鱈魚湯

材 料

黨參 3 錢　黑棗 3 粒　鱈魚 120 克　蔥花少許　薑絲少許　鹽少許

功 效

益氣、補血養血、活血祛瘀、幫助排惡露、促進傷口癒合。

做 法

1. 黨參、黑棗洗淨備用。
2. 鱈魚洗淨，切小塊備用。
3. 黨參、黑棗放入鍋內，加 800CC 冷水，大火煮滾，改小火煮 30 分鐘，挾掉黨參藥渣，轉中火，放入鱈魚、薑絲，魚熟加蔥花、鹽即可。

附注：鱈魚有活血止痛、祛瘀的功效。

雞血藤瘦肉湯

材 料

雞血藤 3 錢　梅花肉 120 克　黑豆 30 克　蔥花少許　薑絲少許　鹽少許

功 效

活血、補血、舒筋、補腎、幫助排惡露。

做 法

1. 雞血藤洗淨備用。
2. 豬肉洗淨，切片備用。
3. 黑豆洗淨備用。
4. 雞血藤、黑豆放入鍋內，加 800CC 冷水，大火煮滾，改小火煮 30 分鐘，撈去黑豆和藥渣，轉中火，放入豬肉片煮熟，加蔥花、薑絲、鹽即可。

認識中藥

雞血藤

枸杞番薯粥

材 料

枸杞 3 錢　鮮黃玉米粒 30 克　紅番薯 30 克　豬絞肉 50 克　胡蘿蔔 30 克
蓬萊米 50 克　鹽少許　蔥花少許

功 效

養血、補虛損、養肝、明目、增強免疫力。

做 法

1. 米洗淨備用。
2. 枸杞洗淨備用。
3. 黃玉米去外葉、鬚,洗淨,用刀削下玉米粒 30 克備用。
4. 紅番薯、紅蘿蔔洗淨,去皮,皆切小丁備用。
5. 枸杞、玉米、紅番薯、豬絞肉、胡蘿蔔、米放入鍋內,加 400CC 冷水,用電鍋
   煮熟,起鍋加鹽、蔥花即可。

早 餐	午 餐	晚 餐
湯	湯	湯
黃精石斑湯	杏仁蛋花湯	黨參蓮子豬心湯
家常菜	家常菜	家常菜
炒青花菜	玉米筍炒花枝	煎秋刀魚
炒薑絲羊肉片	炒青蔥牛肉絲	炒碗豆苗
水果	水果	水果
蟠桃 1 粒	芭樂半粒	李子 1 粒
早上點心	下午點心	晚上點心
紅棗銀耳奶粥	木瓜豬蹄湯	酪梨燕麥粥

黃精石斑湯

材 料

黃精 2 錢　黨參 2 錢　枸杞 2 錢　石斑魚 120 克　鮮栗子 6 粒　薑絲少許

功 效

補中益氣、補血補虛、健筋骨、補腎
健脾、養肝明目、促進傷口癒合。

做 法

1. 黃精、黨參、枸杞洗淨備用。
2. 石斑魚去鱗片、腸雜，洗淨切段，
   汆燙，沖涼備用。
3. 栗子洗淨備用。
4. 黃精、黨參、枸杞、石斑魚、栗子、
   薑絲放入鍋內，加 400CC 冷水，用
   電鍋煮熟，起鍋挾掉黃精、黨參藥渣即可。

認識中藥

黃 精

紅棗銀耳奶粥

材 料

紅棗 3 粒　白木耳 3 克　鮮花生仁 30 克　蓬萊米 50 克　鮮奶 200CC
細冰糖適量

功 效

養血補血、祛瘀消腫、通乳、幫助傷口癒合。

做 法

1. 米洗淨備用。
2. 紅棗洗淨備用。
3. 白木耳洗淨，冷水泡發，去黃色根部，切碎備用。
4. 花生仁洗淨，泡冷水一晚，撈起，煮熟備用。
5. 紅棗、白木耳、花生仁、米放入鍋內，加 200CC 冷水，用電鍋煮熟，電鍋的開
   關跳起時，先不起鍋，加鮮奶、冰糖攪拌均勻，冰糖融化，即可起鍋。

杏仁蛋花湯

材 料
甜杏仁 10 粒　核桃仁 30 克　雞蛋 1 粒　蔥花少許　鹽少許

功 效
補腎潤肺、健腦、促進傷口癒合。

做 法
1. 甜杏仁、核桃仁搗碎備用。
2. 雞蛋洗淨去殼，放入碗中，加甜杏仁、核桃仁，打散備用。
3. 鍋內加 400CC 冷水，大火煮滾，將蛋汁邊打散邊倒入鍋內，蛋熟加蔥花、鹽即可。

木瓜豬蹄湯

材料

五分熟木瓜 100 克　豬蹄 180 克　蔥花少許　鹽少許　白醋 5CC

功效

補血通乳、健腰膝、強筋骨、促進傷口癒合。

做法

1. 木瓜去皮、籽洗淨，切塊備用。
2. 豬蹄去毛洗淨，汆燙，沖涼備用。
3. 豬蹄、白醋放入鍋內，加 800CC 冷水，中火煮至豬蹄熟爛，加入木瓜煮熟，加鹽、蔥花即可。

有腳甲的豬蹄
通乳效果較好

黨參蓮子豬心湯

材 料

黨參 3 錢　鮮蓮子 50 克　豬心 1/3 顆　薑絲少許　鹽少許

功 效

補氣補血、滋養新血、安神、增強抵抗力。

做 法

1. 黨參洗淨備用。
2. 蓮子洗淨備用。
3. 豬心去瘀血、筋膜，洗淨切片，汆燙，沖涼備用。
4. 黨參、蓮子、豬心、薑絲放入鍋內，加 400CC 冷水，用電鍋煮熟，起鍋挾掉黨參藥渣，加鹽即可。

酪梨燕麥粥

材 料

桂圓肉 30 克　酪梨果肉 80 克　燕麥片 30 克

功 效

補血養血、安神、促進腸蠕動、健腦益智。

做 法

1. 桂圓肉切碎備用。
2. 酪梨洗淨去皮、籽，挖出果肉 80 克，切碎備用。
3. 桂圓肉放入鍋內，加 500CC 冷水，大火煮滾，改小火，桂圓肉煮軟，加燕麥片煮熟，熄火，加酪梨攪拌均勻即可。

新品種酪梨
（熟了也是青色的）

早餐	午餐	晚餐
湯	湯	湯
黃耆黑豆鱸魚湯	參杞牛腩湯	益母桂圓蛋花湯
家常菜	家常菜	家常菜
毛豆炒雞丁	炒玉米筍	豌豆炒海參
肉絲炒青江菜	清蒸鮑魚	鳳梨炒肉片
水果	水果	水果
百香果 1 粒	葡萄 12 粒	石榴半粒
早上點心	下午點心	晚上點心
銀耳蓮藕粥	首烏核桃粥	蓮子‧棗雞湯
	（做法請見第 33 頁）	（做法請見第 50 頁）

黃耆黑豆鱸魚湯

材 料

黃耆 3 錢　枸杞 3 錢　紅豆 30 克　鱸魚 150 克　黑豆 30 克　薑絲少許

功 效

補血益氣、促進體能恢復、通乳、促進傷口癒合。

做 法

1. 黃耆、枸杞洗淨備用。
2. 鱸魚去鱗片、腸雜，洗淨切塊，汆燙，沖涼備用。
3. 紅豆、黑豆洗淨備用。
4. 黃耆、紅豆、黑豆放入鍋內，加 800CC 冷水，大火煮滾，改小火煮 30 分鐘，撈去黃耆、紅豆、黑豆藥渣，轉中火，加枸杞、鱸魚，魚肉熟加薑絲即可。

附注：可用鯉魚替代鱸魚。

銀耳蓮藕粥

材 料
白木耳 3 克　鮮蓮藕 60 克　蓬萊米 50 克　蔥花少許　鹽少許

功 效
補血、活血、潤肺、袪瘀消腫、促進傷口癒合。

做 法
1. 米洗淨備用。
2. 白木耳冷水泡發，去黃色根部，切碎備用。
3. 蓮藕去皮洗淨，切薄片備用。
4. 白木耳、蓮藕、米放入鍋內，加 800CC 冷水，大火煮滾，改小火煮至粥熟，加鹽、蔥花即可。

附注：生蓮藕性寒，產婦不可過早食用，一般產後 1 ～ 2 周後再吃。（因蓮藕能散瘀血，所以婦女產後雖忌吃生冷食物，唯有不忌蓮藕。生蓮藕煮熟後屬性變溫。）

參杞牛腩湯

材 料
黨參 2 錢　枸杞 3 錢　陳皮 1 錢（小紗布袋裝）　鮮蓮子 50 克　牛腩 110 克
黑麻油 1 湯匙　老薑 5 克

功 效
行氣血、補血益氣、明目健脾、促進傷口癒合。

做 法
1. 黨參、蓮子、枸杞洗淨備用。
2. 牛腩洗淨，瀝乾水，切薄片備用。
3. 老薑洗淨，拍碎備用。
4. 黑麻油倒入鍋內，開中火，放入薑母爆香，加牛肉翻炒，肉面微熟，起鍋放入
   電鍋的內鍋，加黨參、枸杞、陳皮、蓮子、400CC 冷水，用電鍋煮熟，起鍋挾
   掉黨參、陳皮藥渣即可。

益母桂圓蛋花湯

材 料

益母草 1 錢（紗布袋裝）　桂圓肉 30 克　鮮蓮子 20 克　雞蛋 1 粒

功 效

活血、化瘀消腫、補血、養心脾、安神健腦、幫助排惡露。

做 法

1. 蓮子洗淨備用。
2. 雞蛋洗淨去殼，放入碗中，打散備用。
3. 益母草、桂圓肉、蓮子放入鍋內，加 800CC 冷水，大火煮滾，改小火煮 30 分鐘，
   挾掉益母草藥渣，轉中火，將蛋汁邊打散邊倒入鍋內，蛋熟即可。

第二階段
（產後第 10 ～ 16 天）

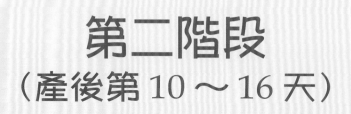

月子餐調理要點

1. 補氣血、滋養新血
2. 增加泌乳量
3. 促進體能

早餐	午餐	晚餐
湯	湯	湯
雞血藤烏雞湯	耆棗豬心湯	參杞海參肉片湯
家常菜	家常菜	家常菜
洋蔥炒蛋	煎蒜香牛小排	蒸粉肝
清蒸鯧魚	炒茼蒿菜	杏鮑菇炒薑絲
水果	水果	水果
蘋果半粒	芭樂半粒	葡萄 12 粒
早上點心	下午點心	晚上點心
菱角奶蛋糊	木瓜豬蹄湯	艾葉榴槤粥

（做法請見第 59 頁）

雞血藤烏雞湯

材 料

雞血藤 3 錢　當歸 1 錢　紅棗 5 粒　烏骨雞肉（帶骨）180 克　薑片 3 片

功 效

行血補血、舒筋活絡、滋養新血、促進體能。

做 法

1. 雞血藤、紅棗、當歸洗淨備用。
2. 雞肉洗淨切塊去皮，汆燙，沖涼備用。
3. 雞血藤、當歸、紅棗、雞肉、薑片放入鍋內，加 400CC 冷水，用電鍋煮熟，起鍋挾掉雞血藤、當歸藥渣即可。

菱角蛋奶糊

材 料
菱角 5 粒　鮮奶 200CC　雞蛋 1 粒　玉米粉 20 克　鹽少許

功 效
補氣、行氣、通乳、健腦、促進體能。

做 法
1. 菱角洗淨，去殼，切碎備用。
2. 雞蛋洗淨，去殼，放入碗內，加鮮奶、玉米粉攪拌均勻成蛋奶汁備用。
3. 菱角放入鍋內，加 400CC 冷水，大火煮滾，改小火煮至菱角熟爛，加蛋奶汁，邊煮邊攪拌，糊滾加鹽即可。

耆棗豬心湯

材 料

黃耆 3 錢　紅棗 3 粒　鮮蓮子 20 克　豬心 100 克（約 1 顆豬心的 1/3 量）
黑麻油半湯匙

功 效

滋養新血、補氣血、養心安神。

做 法

1. 黃耆、紅棗洗淨備用。
2. 蓮子洗淨備用。
3. 豬心去瘀血、筋膜，洗淨切片，汆燙沖涼備用。
4. 蓮子、黃耆、紅棗、豬心放入鍋內，加 400CC 冷水，用電鍋煮熟，起鍋挾掉黃
   耆藥渣，加黑麻油即可。

參杞海參肉片湯

材 料

枸杞 3 錢　黨參 2 錢　海參 90 克　豬小里肌肉 100 克　老薑 2 克

功 效

補氣、明目、養血補血止血、增強機體免疫力、促進體能。

做 法

1. 黨參、枸杞洗淨備用。
2. 海參去內臟、內壁膜，洗淨切小段備用。
3. 生薑洗淨，切片備用。
4. 豬瘦肉洗淨，切薄片備用。
5. 枸杞、黨參、薑片放入鍋內，加 800CC 冷水，大火煮滾，改小火煮 30 分鐘，轉中火，加海參、豬肉煮熟即可。

艾葉榴槤粥

材 料

艾葉 5 分（用紗布袋裝）　榴槤肉 80 克（可用榴槤乾或桂圓肉 30 克切碎取代）
黑米 50 克　薑絲少許　鮮葡萄 10 粒　黑糖適量

功 效

補血益氣、滋養新血、促進體能、改善產後怕冷及腹冷痛、婦女痛經。

做 法

1. 黑米快洗一遍備用。
2. 葡萄用剪刀自蒂頭處剪下洗淨，瀝乾水，冷開水洗淨，切開去籽備用。
3. 榴槤殼沖淨，去殼、去籽，取果肉 80 克切碎備用。
4. 艾葉洗淨，用小紗布袋裝，袋口繫緊備用。
5. 黑米、艾葉、薑絲放入鍋內，加 850CC 冷水，大火煮滾，改小火煮 30 分鐘，取出艾葉藥渣，再煮至黑米熟爛，加入榴槤肉，粥滾熄火，加葡萄、黑糖攪拌均勻即可。

認識中藥

艾葉（艾草）

早餐	午餐	晚餐
湯	湯	湯
山茱萸阿膠雞湯	豬蹄黃豆泌乳湯	鯉魚通乳湯
家常菜	家常菜	家常菜
炒番薯葉	炒豌豆苗	炒芥菜
清蒸鱒魚	青蔥炒花枝	腰果炒雞丁
水果	水果	水果
櫻桃 8 粒	李子 1 粒	荔枝 8 粒
早上點心	下午點心	晚上點心
黑棗黑米粥	荔枝肝片湯	當歸栗子湯

（做法請見第 40 頁）

山茱萸阿膠雞湯

材 料
山茱萸 2 錢　阿膠 3 錢　烏骨雞肉（去骨）100 克　米酒 200CC

功 效
補血止血、行氣、益氣血、滋養新血、
促進體能。

做 法

1. 山茱萸洗淨，放入鍋內加 700CC 冷水，
   大火煮滾，改小火煮 30 分鐘，去藥渣
   取汁備用。
2. 阿膠搗碎備用。
3. 烏骨雞洗淨切片，汆燙沖涼備用。
4. 山茱萸藥汁、阿膠、烏骨雞肉、米酒
   放入鍋內，用電鍋煮熟即可。

認識中藥

山茱萸

黑棗黑米粥

材料
黑棗 5 粒　紅蘿蔔 30 克　鮮黃玉米 1/3 支　豬絞肉 50 克　黑米 50 克 鹽少許

功效
養血補血、滋養新血、促進體能、健脾益肝、明目潤肺。

做法
1. 黑米快洗一遍備用。
2. 黑棗洗淨備用。
3. 紅蘿蔔去皮洗淨，切丁備用。
4. 黃玉米撕去外葉及鬚，洗淨，用刀削下玉米粒備用。
5. 黑棗、紅蘿蔔、玉米、豬絞肉、黑米放入鍋內，加 850CC 冷水，大火煮滾，改小火煮至黑米熟爛，加鹽即可。

豬蹄黃豆泌乳湯

材 料

豬蹄 180 克　黃豆 20 克　米酒 200CC　白醋 5CC　薑片 5 片　蔥段適量
鹽少許

功 效

養血、增進泌乳量、益脾胃。

做 法

1. 豬蹄去毛洗淨，切小塊，汆燙，沖涼備用。
2. 黃豆洗淨，泡冷水一晚，撈起備用。
3. 豬蹄、黃豆、酒、白醋、薑片、蔥段放入鍋內，加 300CC 冷水，用電鍋煮熟，
   待豬蹄熟爛，再起鍋加鹽即可。

鯉魚通乳湯

材 料

通草 2 錢（紗布袋裝）　　鯉魚 120 克　　豬蹄 90 克　　鹽少許　　蔥花適量

功 效

促進產婦乳汁分泌、幫助傷口癒合、促進體能。

做 法

1. 鯉魚洗淨，去腸雜、鱗片，切數段，汆燙，沖涼備用。
2. 豬蹄去毛，洗淨，汆燙，沖涼備用。
3. 通草洗淨，放入紗布袋內，袋口繫緊備用。
4. 通草、豬蹄放入鍋內，加 800CC 冷水，大火煮滾，改小火煮 30 分鐘，挾掉通草紗布袋，放入鯉魚，魚熟加鹽、蔥花即可。

附注：可將鯉魚改成鯽魚。

認識中藥

通草

當歸栗子湯

材 料

當歸 2 錢　桂圓肉 10 克　鮮栗子 6 粒　鮮菱角 6 粒

功 效

益氣補虛損、增進體能、強筋健骨、補血安神、滋養新血。

做 法

1. 當歸、栗子洗淨備用。
2. 菱角去殼洗淨備用。
3. 當歸、桂圓、栗子、菱角放入鍋內，加 400CC 冷水，用電鍋煮熟，起鍋挾掉當歸藥渣即可。

早餐	午餐	晚餐
湯	湯	湯
當歸補血牛腩湯	棗栗腰花湯	木瓜蓮藕肉片湯
家常菜	家常菜	家常菜
炒香菇青江菜	青花菜炒蝦仁	煎荷包蛋
炒香菜牛肉絲	炒高麗菜	扁蒲炒肉絲
水果	水果	水果
龍眼 12 粒	酪梨半粒	釋迦半粒
早上點心	下午點心	晚上點心
阿膠葡萄粥	銀耳鳳梨糊	枸杞山藥鱸魚湯 （做法請見第 42 頁）

當歸補血牛腩湯

材 料

黃耆 3 錢　當歸 1 錢　紅棗 5 粒　牛腩 130 克　薑絲少許　蔥花少許

功 效

補血益氣、滋養新血、增強免疫力、增進體能。

做 法

1. 黃耆、當歸、紅棗洗淨備用。
2. 牛腩洗淨切薄片，汆湯，沖涼備用。
3. 黃耆、當歸、紅棗、牛腩放入鍋內，加 400CC 冷水，用電鍋煮熟，起鍋挾掉黃耆、當歸藥渣，加蔥花、薑絲即可。

阿膠葡萄粥

材 料
阿膠 3 錢　黑棗 3 粒　葡萄乾 30 克　桂圓肉 30 克　黑米 50 克

功 效
補血造血、滋養新血、增進體能。

做 法
1. 黑米快洗一遍備用。
2. 阿膠搗碎備用。
3. 黑棗洗淨備用。
4. 阿膠、黑棗、葡萄乾、桂圓肉、黑米放入鍋內，加 850CC 冷水，大火煮滾，改小火煮 30 分鐘，邊煮邊攪拌，待阿膠融化於粥、黑米熟爛即可。

認識中藥

黑 棗　　　　　阿 膠

棗栗腰花湯

材 料

紅棗 5 粒　鮮栗子 6 粒　腰子、腰尺各 100 克（或豬腎 1 粒）
黑麻油 1 湯匙　米酒 400CC　蔥白數段　鹽少許

功 效

益氣補血、健脾補腎、滋養新血、強筋健骨、促進體能。

做 法

1. 紅棗、栗子洗淨備用。
2. 腰子切開洗淨，去白色筋膜，用刀尖畫交叉斜線再切片，汆燙，沖涼備用。
3. 腰尺洗淨切薄片，汆燙，沖涼備用。
4. 黑麻油倒入鍋內，爆香蔥白，放入腰尺炒熟，加紅棗、栗子、酒、200CC 冷水，
   中火煮至栗子熟，放入腰子煮熟，加鹽即可。

銀耳鳳梨糊

材 料
白木耳 3 克　鳳梨肉 50 克　芋頭 50 克　芝麻粉 10 克　花生粉 10 克
蓮藕粉 20 克　白糖適量

功 效
滋養補虛、促進體能、幫助消化、增進泌乳。

做 法
1. 白木耳冷水泡發，去黃色根部，切碎備用。
2. 芋頭洗淨，去皮，切小丁備用。
3. 鳳梨切小丁備用。
4. 鳳梨、芝麻粉、花生粉、蓮藕粉攪拌均勻備用。
5. 白木耳、芋頭放入鍋內，加 600CC 冷水，中火煮熟，加鳳梨、芝麻粉、花生粉、
　 蓮藕粉攪拌均勻，糊滾加糖即可。

木瓜蓮藕肉片湯

材 料
蓮藕 50 克　牛肉 70 克　紅豆 30 克　青木瓜 100 克　薑絲少許　蔥花少許
鹽少許

功 效
散瘀血、養血、補血、益氣血、促進體能、促進乳汁分泌。

做 法
1. 蓮藕去皮洗淨，切片備用。
2. 牛肉洗淨，切薄片，汆燙，沖涼備用。
3. 紅豆洗淨，泡冷水一晚，撈起備用。
4. 木瓜洗淨去皮、籽，切塊備用。
5. 蓮藕、牛肉、紅豆、木瓜放入鍋內，加 400CC 冷水，用電鍋煮熟，起鍋加薑絲、
　 蔥花、鹽即可。

附注：若不吃牛肉，可改成豬肉。

早餐	午餐	晚餐
湯	湯	湯
加味四物雞湯	巴戟天豬肝湯	改善產後四肢冰冷湯
家常菜	家常菜	家常菜
煎白鯧魚	腰果炒蝦仁	蒸蛋
青花菜炒魷魚	豆苗炒肉絲	海參炒甜椒
水果	水果	水果
水蜜桃 1 粒	蘋果半粒	木瓜 150 克
早上點心	下午點心	晚上點心
陳皮松仁粥	蓮藕蛋奶糊	黃耆鳳梨鱈魚粥

加味四物雞湯

材 料
黃耆 3 錢　紅棗 5 粒　當歸 2 錢　熟地 2 錢　炒白芍 2 錢　川芎 2 錢
烏骨雞（帶骨）150 克　米酒 400CC

功 效
補血、行氣行血、滋養新血、促進體能、增進泌乳。

做 法
1. 所有藥材洗淨，紗布袋裝，備用。
2. 烏骨雞洗淨切塊去皮，汆燙，沖涼備用。
3. 全部藥材、烏骨雞、酒放入鍋內，加 200CC 冷水，用電鍋煮熟，起鍋取出紗布袋即可。

認識中藥

熟地黃

陳皮松仁粥

材 料
陳皮 5 分（紗布袋包）　松子仁 15 克　豬絞肉 50 克　蓬萊米 50 克
薑絲少許　鹽少許

功 效
理氣健脾、補益氣血、促進體能、促進腸子蠕動。

做 法
1. 米洗淨備用。
2. 陳皮、松子仁、豬肉、米放入鍋內，加 400CC 冷水，用電鍋煮熟，起鍋挾掉陳
   皮藥渣，加薑絲、鹽即可。

認識中藥

陳 皮

巴戟天豬肝湯

材 料

巴戟天 2 錢　黃耆 3 錢　豬肝 150 克　梅乾菜 5 克　薑絲少許

功 效

補肝益氣、補腎益精、促進體能、強筋骨。

做 法

1. 巴戟天、黃耆洗淨備用。
2. 豬肝洗淨，切薄片，汆燙沖涼備用。
3. 梅乾菜泡水洗淨，切碎備用。
4. 巴戟天、黃耆放入鍋內，加 800CC 冷水，大火煮滾，改小火煮 30 分鐘，挾去黃耆、巴戟天藥渣，轉中火，湯滾放入豬肝、梅乾菜、薑絲，豬肝熟即可。

認識中藥

巴戟天

蓮藕蛋奶糊

材 料

蓮藕粉 20 克　雞蛋 1 粒　鮮奶 400CC　白糖適量

功 效

補血、袪瘀、增進體能、健腦補虛、促進泌乳。

做 法

雞蛋洗淨，去殼，放入鍋內，加蓮藕粉、鮮奶攪拌均勻，開中火煮，邊煮邊攪拌（否則會燒焦），糊滾加糖即可。

附注：生蓮藕性寒，熟蓮藕性溫，產婦不可過早食用，一般產後 1～2 周後再吃（蓮藕能散瘀血）。

改善產後四肢冰冷湯

(本料理取材自《蔬果養生健康 DIY》)

材 料

當歸 1 錢　炒白芍 1 錢　桂枝 5 分　細辛 5 分　川芎 1 錢　炙甘草 5 分（以上藥材用紗布袋裝）　紅棗 5 粒　桂圓肉 10 克　羊肉 130 克（素食用栗子 10 粒代替）黑葡萄（或櫻桃）30 克　薑母 5 克　米酒 200CC　黑麻油 1 湯匙

功 效

滋養新血、增進體能、改善產後怕冷及手腳冰冷。

做 法

1. 薑母洗淨，拍碎備用。
2. 羊肉洗淨，瀝乾水，切薄片備用。
3. 葡萄從蒂頭剪下，洗淨，瀝乾水，冷開水沖過，每粒切對半，去籽，備用。
4. 當歸、炒白芍、桂枝、細辛、川芎、炙甘草洗淨放入紗布袋內，袋口繫緊備用。
5. 黑麻油倒入鍋內，油熱時加薑母爆香，放入羊肉翻炒，見肉面微熟起鍋備用。
6. 紅棗、桂圓肉、酒、藥袋、羊肉、薑母放入鍋內，加 400CC 冷水，用電鍋煮熟，起鍋取出藥袋，加葡萄即可。

認識中藥

炒白芍　　桂枝　　細辛　　炙甘草　　生甘草

黃耆鳳梨鱈魚粥

材 料

黃耆 2 錢　鳳梨肉 50 克　鱈魚 60 克　鹽少許　薑絲少許　蓬萊米 50 克

功 效

幫助消化、促進體能、幫助腸蠕動、活血祛瘀。

做 法

1. 米、黃耆洗淨備用。
2. 鳳梨洗淨去皮，取果肉 50 克切丁備用。
3. 鱈魚洗淨，去骨取肉，切丁備用。
4. 黃耆、鳳梨、鱈魚、米放入鍋內，加 400CC 冷水，用電鍋煮熟，起鍋挾掉黃耆藥渣，加薑絲、鹽即可。

早餐	午餐	晚餐
湯 阿膠紅棗肉片湯	湯 耆杞鮮蝦湯	湯 黃精肝片湯
家常菜 炒甜豆 牛肉絲炒高麗菜	家常菜 蓮藕炒肉絲 炒玉米筍	家常菜 海參炒雞丁 炒芥菜
水果 櫻桃 8 粒	水果 桃子 1 粒	水果 百香果 1 粒
早上點心 芎歸羊肉粥	下午點心 蘋果馬鈴薯糊	晚上點心 菱角鱸魚湯 （做法請見第 29 頁）

阿膠紅棗肉片湯

材 料

阿膠 2 錢　紅棗 5 粒　梅花肉 120 克　薑絲少許

功 效

益氣補血、滋養新血、增進體能。

做 法

1. 阿膠搗碎備用。
2. 紅棗洗淨備用。
3. 梅花肉洗淨切片，氽燙沖涼備用。
4. 阿膠、紅棗、肉片、薑絲放入鍋內，加 400CC 冷水，用電鍋煮熟即可。

芎歸羊肉粥

材 料
川芎1錢　當歸1錢（以上藥材用紗布袋裝）　羊肉片50克　蓬萊米50克
薑絲少許　黑麻油半湯匙　鹽少許

功 效
健腰膝、強筋骨、補肝腎、促進體能。

做 法
1. 米洗淨備用。
2. 川芎、當歸洗淨，放入紗布袋，袋口繫緊備用。
3. 羊肉洗淨，切碎備用。
4. 川芎、當歸、羊肉、米放入鍋內，加400CC冷水，用電鍋煮熟，起鍋取出藥袋，
　　加黑麻油、薑絲、鹽即可。

耆杞鮮蝦湯

材 料

當歸 5 分　黃耆 3 錢　枸杞 3 錢　鮮蝦 110 克（約白蝦 7 隻）　紅蘿蔔 30 克
薑絲少許　蔥花少許　鹽少許　米酒 1 湯匙

功 效

調補氣血、滋養新血、增進體能、保肝明目、促進乳汁分泌。

做 法

1. 當歸、黃耆、枸杞洗淨備用。
2. 鮮蝦洗淨，剪去鬚備用。
3. 紅蘿蔔去皮洗淨，切薄片備用。
4. 當歸、黃耆、枸杞放入鍋內，加 800CC 冷水，大火煮滾，改小火煮 30 分鐘，挾掉黃耆、當歸藥渣，轉中火，加入紅蘿蔔、鮮蝦煮熟，加薑絲、蔥花、酒、鹽即可。

蘋果馬鈴薯糊

材 料

蘋果 80 克　馬鈴薯 100 克　檸檬汁 1 湯匙　番薯粉 20 克　蜂蜜適量

功 效

補血、安神、美容養顏、健脾胃、幫助腸蠕動、促進體能。

做 法

1. 蘋果洗淨去皮、籽，切碎備用。
2. 馬鈴薯洗淨，去皮，挖去芽眼，切薄片，蒸熟，壓成泥狀備用。
3. 蘋果、馬鈴薯、番薯粉放入鍋內，加 400CC 冷水攪拌均勻，用電鍋煮熟，起鍋加檸檬汁、蜂蜜攪拌均勻即可。

黃精肝片湯

材 料

黃精 2 錢　鮮栗子 6 粒　豬肝 120 克　薑絲少許　鹽少許

功 效

補肝養血、健脾胃、補腎強筋、促進體能。

做 法

1. 黃精、栗子洗淨備用。
2. 豬肝洗淨，切薄片，汆燙，沖涼備用。
3. 黃精、栗子放入鍋內，加 800CC 冷水，大火煮滾，改小火煮 30 分鐘，挾掉黃精藥渣，轉中火，放入豬肝、薑絲，豬肝熟加鹽即可。

早 餐	午 餐	晚 餐
湯	湯	湯
豬蹄鱸魚湯	不留行鮭魚湯	阿膠海參湯
家常菜	家常菜	家常菜
蔥油雞	炒麻油豬肝	蝦仁炒蛋
炒香菇青江菜	蒸香芋瘦肉片	煎黃魚
水果	水果	水果
石榴半粒	葡萄 12 粒	木瓜 150 克
早上點心	下午點心	晚上點心
川芎蓮藕糊	雞血藤烏雞湯	造血補血粥

（做法請見第 67 頁）

豬蹄鱸魚湯

材 料

當歸 1 錢　川芎 2 錢　豬蹄 180 克　鱸魚 50 克　米酒 200CC　黑麻油 1 湯匙
白醋 5CC　老薑 5 克

功 效

促進乳汁分泌、補血、滋補強壯、
益氣血、滋養新血、促進體能。

做 法

1. 當歸、川芎洗淨備用。
2. 豬蹄去毛洗淨，汆燙，沖涼備用。
3. 鱸魚洗淨，去鱗片、腸雜，瀝乾水，切塊備用。
4. 老薑洗淨，拍碎備用。
5. 黑麻油倒入鍋內，爆香薑母，放入豬蹄煎熟，剷起豬蹄、薑片、黑麻油放入電鍋的內鍋，加當歸、川芎、鱸魚、酒、白醋、200CC 冷水，用電鍋煮熟，待豬蹄熟爛，起鍋挾掉當歸、川芎藥渣即可。

川芎蓮藕糊

材 料

川芎 1 錢　蓮藕粉 20 克　金桔餅 50 克

功 效

活血行氣、祛風祛瘀、補血止血、增進體能、增強免疫力。

做 法

1. 川芎洗淨備用。
2. 蓮藕粉加冷水 100CC 攪拌均勻備用。
3. 金桔餅切碎備用。
4. 川芎、金桔餅放入鍋內，加 600CC 冷水，大火煮滾，改小火煮 30 分鐘，挾掉川芎藥渣，倒入蓮藕粉水攪拌均勻，糊滾即可。

不留行鮭魚湯

材 料

炒王不留行子3錢（用紗布袋裝）　鮭魚110克（素食用蘋果、青豆仁各50克替代）
黃豆30克　蔥花少許　薑絲少許　鹽少許　黑麻油少許

功 效

增加泌乳、促進體能、健腦、明目。

做 法

1. 鮭魚洗淨，瀝乾水，切成小塊備用。
2. 黃豆洗淨，冷水浸泡一晚，撈起備用。
3. 黃豆、王不留行子放入鍋內，加800CC冷水，大火煮滾，改小火煮30分鐘，挾掉王不流行子紗布袋，轉中火，放入鮭魚煮熟，加鹽、薑絲、蔥花、黑麻油即可。

附注：如果買到沒炒過的王不留行子，則用乾鍋、文火炒到多數開白花即可。

認識中藥

王不留行子（未炒）

炒王不留行子

阿膠海參湯

材 料

阿膠 2 錢　海參 100 克　鮮山藥 100 克　米酒 2 湯匙　蔥花少許　鹽少許
黑麻油少許

功 效

養血、補血、促進體能、增強免疫力、增強造血功能、滋養新血。

做 法

1. 阿膠搗碎備用。
2. 海參去內臟、內壁膜，洗淨，切小段備用。
3. 山藥去皮洗淨，切片備用。
4. 阿膠放入鍋內，加 500CC 冷水，大火煮滾，改小火，邊煮邊攪拌至阿膠融化，
   轉中火，加入海參、山藥，海參熟，加酒、蔥花、鹽、黑麻油即可。

造血補血粥

材 料
四季豆 50 克（約 7 根）　鮮葡萄 8 粒　豬絞肉 50 克　燕麥片 30 克
香油少許　鹽少許

功 效
補血造血、滋養新血、增進體能。

做 法
1. 四季豆洗淨，去豆筋，切丁備用。
2. 葡萄用剪刀一粒一粒自蒂頭剪下洗淨，瀝乾水，去皮，冷開水沖過，切開去籽
　　備用。
3. 鍋內加 500CC 冷水，大火煮滾，放入豬肉煮熟，改小火，放入四季豆、麥片煮熟，
　　熄火，加葡萄、鹽、香油即可。

產後
第16天

早餐	午餐	晚餐
湯 歸耆豬肝湯	湯 花枝波蘿增乳湯	湯 產後泌乳湯
家常菜 炒菜豆 炒滑蛋牛肉	家常菜 炒薑絲高麗菜 清蒸肉丸子	家常菜 炒青江菜 清蒸雞肉片
水果 蜜棗 1 粒	水果 蘋果半粒	水果 李子 1 粒
早上點心 酪梨芭樂奶蛋糊	下午點心 雞血藤烏雞湯 （做法請見第 67 頁）	晚上點心 厚朴草魚粥 （做法請見第 51 頁）

歸耆豬肝湯

材 料
當歸 1 錢　黃耆 3 錢　豬肝 100 克　梅花肉 80 克　蔥花少許　鹽少許

功 效
滋養新血、補血活血、益肝補氣、促進體能。

做 法
1. 當歸、黃耆洗淨備用。
2. 豬肝洗淨，切薄片備用。
3 梅花肉洗淨，切薄片，汆燙沖涼備用。
4. 當歸、黃耆放入鍋內，加 800CC 冷水，大火煮滾，改小火煮 30 分鐘，挾掉黃耆、當歸藥渣，轉中火，加肉片、豬肝煮熟，加蔥花、鹽即可。

酪梨芭樂奶蛋糊

材 料
酪梨 200 克　芭樂 80 克　鮮奶 400CC　雞蛋 1 粒　白糖適量

功 效
保肝、促進消化、消除疲勞、滋補強壯、增進體能、滋養新血、補血、健腦、美白。

做 法
1. 酪梨洗淨，去籽，挖出果肉，切碎備用。
2. 芭樂洗淨，去籽，切碎備用
3. 雞蛋洗淨，去殼，放入碗內打散備用。
4. 酪梨、芭樂、鮮奶放入果汁機內打成泥，倒入鍋內，開中火，加雞蛋，邊煮邊攪拌，糊滾加糖即可。

花枝波羅增乳湯

材 料
山藥 50 克　波羅蜜果乾 10 克　鮮蓮子 30 克　花枝（烏賊、墨魚）100 克（素食用栗子 6 粒替代花枝）　鹽少許　薑絲少許　黑麻油少許

功 效
補脾益胃、補腎、通乳腺、增進乳汁分泌。

做 法
1. 山藥洗淨去皮，切小塊備用。
2. 波羅蜜果乾剁小塊備用。
3. 蓮子洗淨備用。
4. 花枝洗淨，切片備用。
5. 蓮子、薑絲放入鍋內，加 700CC 冷水，大火煮至蓮子熟，加山藥、花枝煮熟熄火，放入波蘿蜜果乾、鹽、黑麻油即可。

產後泌乳湯

材 料
炒王不留行子 1.5 錢（紗布袋裝）通草 1.5 錢（紗布袋裝）　鮮花生仁 30 克
青豆仁（碗豆）30 克　鮮蝦 100 克（約白蝦 7 隻）　半熟木瓜肉 50 克
鹽少許　蔥花少許　米酒 2 湯匙　黑麻油少許

功 效
補骨、護心、促進產後乳汁分泌、增進體能。

做 法
1. 花生仁洗淨，冷水浸泡一晚，撈起備用。
2. 青豆仁洗淨備用。
3. 蝦子洗淨，剪去鬚備用。
4. 木瓜洗淨，去皮、籽，切塊備用。
5. 王不留行子揀去雜質，乾鍋文火炒，要炒到大多數爆開白花（如果買已炒好的，就不必再炒），待涼用小紗布袋裝，袋口繫緊備用。
6. 花生仁、王不留行子、通草放入鍋內，加 800CC 冷水，大火煮滾，改小火煮 30 分鐘，取出紗布袋，轉中火，放入木瓜、青豆仁煮，湯滾再放入蝦子煮熟，加蔥花、酒、鹽、黑麻油即可。

絲瓜下乳湯 （本料理性涼宜慎食）

材 料
通草 2 錢　絲瓜 150 克　鮮蝦 5 隻　薑絲少許　蔥花少許　香油少許　鹽少許

功 效
消乳腺腫痛、催乳。

做 法
1. 絲瓜洗淨，去皮，切片備用。
2. 蝦子洗淨，剪去鬚備用。
3. 通草放入鍋內，加 900CC 冷水，大火煮滾，改小火煮 30 分鐘，撈掉通草藥渣，
　 放入絲瓜、蝦子煮熟，加薑絲、蔥花、香油、鹽即可。

注意事項
本品適合乳腺不通腫痛、有**火氣**現象之產婦，若以上症狀消除，則不可再吃。絲
瓜清熱涼血，雖可下乳汁，但無**上火**症狀者不可食，**因絲瓜性涼**。

第三階段
（產後第 17 ～ 23 天）

月子餐調理要點

1. 氣血雙補
2. 補精養血
3. 增強體質及抵抗力
4. 促進新陳代謝

早餐	午餐	晚餐
湯	湯	湯
黨參棗雞湯	芎歸鱔魚湯	黃耆海參湯
家常菜	家常菜	家常菜
清蒸牛肉片	甜椒炒肉絲	玉米筍炒肉片
炒洋蔥	豆苗炒蝦仁	清蒸鱒魚
水果	水果	水果
水蜜桃 1 粒	櫻桃 8 粒	芭樂半粒
早上點心	下午點心	晚上點心
紅棗薯蛋糕	山藥栗子腰花湯	枸杞葡萄粥
（做法請見第 45 頁）	（做法請見第 38 頁）	

黨參棗雞湯

材料
黨參 3 錢　紅棗 5 粒　枸杞 3 錢　黃耆 2 錢　烏骨雞肉 160 克（帶骨約 3 塊）

功效
補益氣血、養血補精、增強抵抗力、增強體質、促進新陳代謝。

做法
1. 黨參、紅棗、黃耆、枸杞洗淨備用。
2. 烏骨雞去毛，洗淨剁成小塊，汆燙，沖涼備用。
3. 將全部藥材和烏骨雞放入鍋內，加 400CC 冷水，用電鍋煮熟，起鍋挾掉黨參、黃耆藥渣即可。

芎歸鱔魚湯

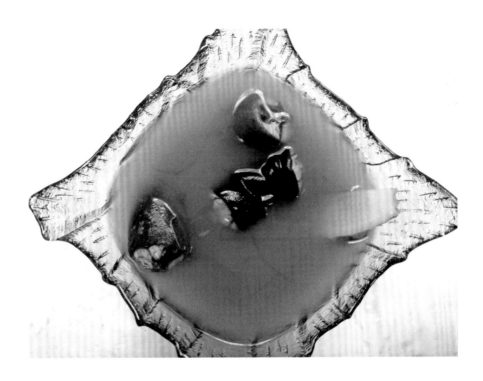

材 料
川芎 1 錢　當歸 1 錢　鱔魚 150 克　老薑片 5 片　米酒 200CC

功 效
補脾生血、益氣血、促進新陳代謝、增強體質。

做 法
1. 活鱔魚放入冷凍庫冰凍一天，洗去黏液，去腸雜，切小段，汆燙沖涼備用。
2. 川芎、當歸洗淨備用。
3. 川芎、當歸、鱔魚、薑片、米酒放入鍋內，加入 200CC 冷水，用電鍋煮熟即可。

注意事項
新鮮的鱔魚無傷口、體表柔軟光滑、黏液豐富無脫落、鱔體結實、表皮呈灰黃色，
聞起來沒有臭味為佳。

黃耆海參湯

材 料

黃耆 3 錢　鮮山藥 80 克　雞里肌肉 110 克　黑麻油 1 湯匙　海參 100 克
老薑 3 克

功 效

提高免疫力、抗衰老、促進新代謝、增強體質、補氣養血、補血。

做 法

1. 黃耆洗淨，放入鍋內加 800CC 冷水，大火煮滾，改小火煮 30 分鐘，去藥渣取汁
   備用。
2. 海參去內臟、內壁膜，洗淨，切小段備用。
3. 山藥去皮洗淨，切片備用。
4. 雞肉洗淨，切薄片備用。
5. 薑洗淨，拍碎備用
6. 黑麻油倒入鍋內，爆香薑，放入雞肉、海參快炒數下，加入山藥、黃耆藥汁，
   煮熟即可。

枸杞葡萄粥

材 料

枸杞 3 錢　紅棗 5 粒　葡萄乾 60 克　蓬萊米 50 克

功 效

養血補精、保肝明目、強化免疫力、增強體質。

做 法

1. 米、枸杞、紅棗洗淨備用。

2. 枸杞、紅棗、葡萄乾、米放入鍋內，加 400CC 冷水，用電鍋煮熟即可。

早餐	午餐	晚餐
湯 紅棗牛肉湯	湯 耆歸豬蹄湯	湯 杜仲腰花羹
家常菜 青江菜炒花枝 炒枸杞高麗菜	家常菜 四季豆炒肉絲 清蒸明蝦	家常菜 鯊魚炒薑絲 干貝炒芥菜心
水果 木瓜 150 克	水果 紅毛丹 6 粒	水果 釋迦半粒
早上點心 肉魚菱角粥	下午點心 山茱萸阿膠雞湯 （做法請見第 72 頁）	晚上點心 二仁葡萄糊

紅棗牛肉湯

材 料

紅棗 5 粒　陳皮 1 錢（紗布袋裝）　牛腱 100 克　鮮花生仁 50 克　薑絲少許
蔥花少許　鹽少許

功 效

補脾胃、益氣血、養血補
精、促進乳汁分泌、促進
新陳代謝。

做 法

1. 紅棗洗淨備用。
2. 牛腱洗淨切片，汆燙沖
   涼備用。
3. 花生仁洗淨，泡冷水一
   晚，撈起備用。
5. 紅棗、陳皮、牛腱、
   花生仁放入鍋內，加
   400CC 冷水，用電鍋煮
   熟，起鍋加薑絲、蔥花、鹽即可。

肉魚菱角粥

材 料
菱角 5 粒　肉魚 60 克　蓬萊米 50 克　黑麻油少許　薑絲少許　鹽少許（如果買到的肉魚是鹹的，則不加鹽。）

功 效
強筋骨、補脾胃、健力益氣、增強體質。

做 法
1. 米洗淨備用。
2. 菱角去殼洗淨，切碎備用。
3. 肉魚洗淨，去骨、魚頭，取肉切丁備用。
4. 菱角、肉魚、米放入鍋內，加 400CC 冷水，用電鍋煮熟，起鍋加黑麻油、薑絲、鹽即可。

耆歸豬蹄湯

材 料

黃耆 5 錢　當歸 1 錢　紅棗 5 粒　豬蹄 180 克　菱角 5 粒　白醋 5CC

功 效

通乳、補氣血、增進體質、增強抵抗力、促進新陳代謝。

做 法

1. 黃耆、當歸、紅棗洗淨備用。
2. 豬蹄去毛洗淨，汆燙，沖涼備用。
3. 菱角洗淨，去殼備用。
4. 黃耆、當歸、紅棗、豬蹄、菱角、白醋放入鍋內，加 500CC 冷水，用電鍋煮熟，待豬蹄熟爛再起鍋，挾掉黃耆、當歸藥渣即可。

杜仲腰花羹

材料

杜仲 3 錢　黑棗 3 粒　紅棗 3 粒　枸杞 2 錢　腰子 1 粒　老薑 5 克　玉米粉 5 克
米酒 200CC　黑麻油 1 湯匙

功效

補血養血、補肝腎、強筋骨、壯腰膝、促進免疫作用、保肝明目、增強體質、促進新陳代謝。

做法

1. 杜仲、黑棗、紅棗、枸杞洗淨，放入鍋內，加 500CC 冷水，大火煮滾，改小火煮 30 分鐘，挾掉杜仲藥渣，紅棗、黑棗、枸杞及藥汁備用。
2. 腰子切開洗淨，去白色筋膜，用刀尖畫交叉斜線再切片，汆燙，沖涼備用。
3. 老薑洗淨，拍碎備用。
4. 玉米粉放入碗內，加 50CC 冷水攪拌均勻備用。
5. 黑麻油放入鍋內，開中火，加老薑爆香，放入腰花翻炒數下，轉大火，加酒、藥汁、紅棗、黑棗、枸杞、玉米粉水（要再次攪拌均勻），湯滾、腰子熟即可。

附注：若要喝清湯，則不加玉米粉。

二仁葡萄糊

材 料

杏仁粉 10 克　松子仁 20 克　葡萄乾 50 克　玉米粉 20 克

功 效

美白養顏、補血養血、潤肺潤腸、增加抗過敏力。

做 法

1. 松子仁、葡萄乾切碎備用。
2. 杏仁粉、松子仁、葡萄乾、玉米粉放入鍋內，加 400CC 冷水攪拌均勻，開中火煮，
   邊煮邊攪拌，糊滾即可。

早餐	午餐	晚餐
湯	湯	湯
黃精補氣血湯	阿膠黃耆湯	首烏枸杞蛋花湯
家常菜	家常菜	家常菜
炒豆苗	煎旗魚	腰果炒雞丁
青蔥炒海參	炒刀豆	洋蔥炒花枝
水果	水果	水果
鳳梨 150 克	石榴半粒	桃子 1 粒
早上點心	下午點心	晚上點心
黨參蓮子豬心湯	鯉魚通乳湯	杜仲蝦仁粥
（做法請見第 60 頁）	（做法請見第 75 頁）	

黃精補氣血湯

材 料

黃精 3 錢　當歸 2 錢　黨參 3 錢　烏骨雞肉（帶骨）130 克　紅豆 30 克

功 效

補血增氣、增強抵抗力、增強體質、養血補精。

做 法

1. 黃精、當歸、黨參洗淨備用。
2. 烏骨雞肉洗淨切塊去皮，汆燙，沖涼備用。
3. 紅豆洗淨，泡冷水一晚，撈起備用。
4. 黃精、當歸、黨參、烏骨雞肉、紅豆放入鍋內，加 400CC 冷水，用電鍋煮熟，起鍋挾掉黃精、當歸、黨參藥渣即可。

阿膠黃耆湯

材 料

阿膠 3 錢　黃耆 3 錢　枸杞 3 錢　豬小里肌肉 120 克　米酒 200CC

功 效

補血止血、補氣健脾、增強抗體、促進新陳代謝。

做 法

1. 黃耆洗淨，放入鍋內，加 500CC 冷水，大火煮滾，改小火煮 30 分鐘，去藥渣取
   汁備用。
2. 枸杞洗淨備用。
3. 阿膠搗碎備用。
4. 豬肉洗淨切片，汆燙沖涼備用。
5. 阿膠、黃耆藥汁、枸杞、豬肉片、米酒放入鍋內，用電鍋煮熟即可。

首烏枸杞蛋花湯

材 料

何首烏 3 錢（紗布袋裝）　枸杞 3 錢　雞蛋 1 粒　蔥花適量

功 效

養肝明目、補肝腎、益氣血、烏髭髮、增強體質、加強免疫力。

做 法

1. 枸杞洗淨備用。
2. 雞蛋洗淨，去殼，放入碗內打散備用。
3. 何首烏、枸杞放入鍋內，加 800CC 冷水，大火煮滾，改小火煮 30 分鐘，揀去何首烏藥渣，慢慢將蛋汁倒入滾湯中，蛋熟加蔥花即可。

杜仲蝦仁粥

材 料

杜仲 2 錢　鮮栗子 3 粒　鮮蝦仁 50 克　蓬萊米 50 克　蔥花少許
黑麻油少許　鹽少許

功 效

健腰膝、強筋骨、補肝腎、增強體質、補精、增泌乳。

做 法

1. 米洗淨備用。
2. 杜仲洗淨備用。
3. 栗子洗淨，切碎備用。
4. 鮮蝦仁洗淨，挑去腸泥，切丁備用。
5. 杜仲、栗子、蝦仁、米，放入鍋內，加 400CC 冷水，用電鍋煮熟，起鍋挾出杜仲藥渣，加蔥花、黑麻油、鹽即可。

認識中藥

杜仲

早餐	午餐	晚餐
湯 巴戟菱角湯	湯 刺苑腰花湯	湯 參棗豬心湯
家常菜 青蔥炒牛肉絲 炒薑絲魷魚	家常菜 毛豆炒雞丁 鳳梨炒豬肉片	家常菜 海參炒紅蘿蔔片 炒番薯葉
水果 蜜李 1 粒	水果 芭樂半粒	水果 荔枝 8 粒
早上點心 豬蹄黃豆泌乳湯 （做法請見第 74 頁）	下午點心 金桔檸檬粥	晚上點心 黃精石斑湯 （做法請見第 56 頁）

巴戟菱角湯

材料

巴戟天 3 錢　紅棗 5 粒　當歸 1 錢　鮮菱角 6 粒　肋排骨 150 克　薑片 5 片
米酒 200CC

功效

益氣補血、補腎補精、強
筋骨、補脾胃、增強體
質、促進新陳代謝。

做法

1. 巴戟天、紅棗、當歸洗
   淨備用。
2. 菱角洗淨，去殼備用。
3. 肋排骨洗淨，汆燙，沖
   涼備用。
4. 巴戟天、紅棗、當歸、
   菱角、肋排骨、酒、薑
   片放入鍋內，加 200CC
   冷水，用電鍋煮熟，起鍋挾掉巴戟天、當歸藥渣即可。

刺菟腰花湯

材 料
刺五加 2 錢（紗布袋裝）　菟絲子 2 錢（紗布袋裝）　腰子 1 粒
黑麻油 1 湯匙　薑母 10 克　米酒 200CC

功 效
補肝腎、強筋骨、益精髓、增強體質、養肝明目、增強免疫力、促進新陳代謝。

做 法
1. 腰子切開洗淨，去白色筋膜，用刀尖畫交叉斜線再切片，汆燙，沖涼備用。
2. 薑母洗淨，切片備用。
3. 刺五加、菟絲子放入鍋內，加 800CC 冷水，大火煮滾，改小火煮 30 分鐘，去藥
   渣取汁備用。（注意刺五加的刺不可殘留在藥汁中。）
4. 黑麻油倒入鍋內，轉中火，爆香薑母，放入腰子炒半熟，加藥汁、米酒，煮至
   腰子熟即可。

認識中藥

菟絲子

金桔檸檬粥

材 料
金桔餅 30 克　檸檬汁半湯匙　核桃仁 20 克　燕麥片 30 克

功 效
理氣、美白、生津止渴、增強抵抗力、促進新陳代謝。

做 法
1. 金桔餅切碎備用。
2. 金桔餅、核桃仁放入鍋內，加 500CC 冷水，大火煮滾，改小火，金桔煮軟，加
   燕麥片煮熟，熄火，加檸檬汁攪拌均勻即可。

參棗豬心湯

材料

黨參 3 錢　紅棗 5 粒　鮮蓮子 30 克　豬心 1/3 顆　薑絲少許

功效

促進新陳代謝、補氣血、寧心安神、增強抵抗力、加強體質。

做法

1. 黨參、紅棗、鮮蓮子洗淨備用。
2. 豬心去瘀血、筋膜，洗淨切片，汆燙，沖涼備用。
3. 黨參、紅棗、鮮蓮子、豬心、薑絲放入鍋內，加 400CC 冷水，用電鍋煮熟，起鍋揀掉黨參藥渣即可。

早餐	午餐	晚餐
湯	湯	湯
刺五加肉片湯	阿膠草魚湯	產後滋補湯
家常菜	家常菜	家常菜
炒玉米筍	炒杏鮑菇	炒高麗菜
甜豆炒牛肉	干貝蒸蛋	青蔥炒花枝
水果	水果	水果
龍眼 12 粒	百香果 1 粒	櫻桃 8 粒
早上點心	下午點心	晚上點心
栗子肝片粥	耆杞鮮蝦湯	枸杞葡萄薯糊
	（做法請見第 90 頁）	（做法請見第 37 頁）

刺五加肉片湯

材 料

刺五加 2 錢（紗布袋裝）　梅花肉 120 克　薑絲少許　蔥花少許　鹽少許

功 效

補肝腎、強筋骨、補精補血、增強體質與抵抗力、恢復精力。

做 法

1. 刺五加放入鍋內，加 800CC 冷水，大火煮滾，改小火煮 30 分鐘，去藥渣取汁備用（注意刺五加的刺不可殘留在藥汁中）。
2. 梅花肉洗淨，切薄片，汆燙，沖涼備用。
3. 刺五加藥汁煮滾，放入梅花肉片，肉片熟加薑絲、蔥花、鹽即可。

栗子肝片粥

材 料

鮮栗子 5 粒　豬肝 50 克　燕麥片 30 克　蔥花少許　黑麻油少許　鹽少許

功 效

補血養肝、健筋骨、恢復精力、加強體質。

做 法

1. 栗子洗淨，切碎備用。
2. 豬肝洗淨，切薄片備用。
3. 栗子放入鍋內，加 500CC 冷水，大火煮滾，改小火煮至栗子熟，放入燕麥片、豬肝煮熟，加蔥花、鹽、黑麻油即可。

阿膠草魚湯

材 料

阿膠 5 錢　紅棗 3 粒　黨參 1 錢　草魚 120 克　米酒 200CC　薑絲少許

功 效

補血止血、補氣補精、滋補養血、養顏、促進新陳代謝、抗衰老。

做 法

1. 阿膠搗碎備用。
2. 紅棗、黨參、草魚洗淨備用。
3. 阿膠、紅棗、黨參、草魚、米酒、薑絲放入鍋內，加 200CC 冷水，用電鍋煮熟，
   起鍋挾掉黨參藥渣即可。

產後滋補湯

材料

川芎1錢　黨參1錢　肉桂5分　桂枝5分　黃耆1錢　當歸1錢（以上藥材裝入紗布袋內）　紅棗3粒　黑棗3粒　枸杞2錢　米酒200CC　烏骨雞（帶骨）150克（素食以素雞及素丸子代替）

功效

恢復體力、補精、營養氣血、增強體質及抵抗力、促進新陳代謝。

做法

1. 紅棗、黑棗、枸杞洗淨備用。
2. 川芎、黨參、肉桂、桂枝、黃耆、當歸洗淨，裝入紗布袋內，袋口繫緊備用。
3. 烏骨雞去毛洗淨，剁成小塊去皮，汆燙，沖涼備用。
4. 烏骨雞與所有藥材放入鍋內，加米酒、300CC冷水，用電鍋煮熟，起鍋挾掉紗布袋即可。

認識中藥

肉桂　　　　桂枝

肉桂與桂枝的區別

1. 肉桂與桂枝同屬於肉桂樹。
2. 肉桂是老幹皮，是將肉桂樹皮去除最外層栓皮後的樹幹皮。
3. 桂枝是帶木質心的嫩枝。
4. 兩者皆能助陽散寒、溫經通脈、止痛，但肉桂性熱、力強;桂枝性溫、力緩且能發汗。

早餐	午餐	晚餐
湯 核桃梅花肉湯	湯 首烏鯉魚湯	湯 肉蓯蓉羊肉湯
家常菜 豌豆炒蝦仁 清蒸鱈魚	家常菜 甜椒炒花枝 鳳梨炒雞丁	家常菜 洋蔥炒蛋 煎臺灣鯛
水果 葡萄 12 粒	水果 李子 1 粒	水果 芭樂半粒
早上點心 杜仲蝦仁粥 （做法請見第 116 頁）	下午點心 補血芋頭糊	晚上點心 花枝波羅增乳湯 （做法請見第 100 頁）

核桃梅花肉湯

材 料

梅花肉 120 克　當歸 1.5 錢　枸杞 2 錢　紅棗 5 粒　核桃仁 25 克　黑麻油 1 湯匙
鹽少許

功 效

養血補虛、補血補精、促
進新陳代謝、增強體質。

做 法

1. 梅花肉洗淨瀝乾水，切
小塊備用。
2. 當歸、枸杞、紅棗洗淨
備用。
3. 黑麻油倒入鍋內，放
入梅花肉翻炒數下，加
800CC 冷水，放入當
歸、枸杞、紅棗、核桃
仁，大火煮滾，改小火
煮 30 分鐘，挾掉當歸藥渣，加鹽即可。

首烏鯉魚湯

材 料

紅棗 3 粒　何首烏 3 錢　山藥 80 克　鯉魚 100 克　薑絲少許　米酒 200CC

功 效

補血養血、補益精氣、增泌乳、固腎烏髮、增強體質、促進新陳代謝。

做 法

1. 紅棗、何首烏洗淨備用。
2. 鯉魚去鱗片、腸雜，洗淨切塊，汆燙，沖涼備用。
3. 山藥去皮洗淨，切塊備用。
4. 紅棗、何首烏、山藥、鯉魚、酒、薑絲放入鍋內，加 200CC 冷水，用電鍋煮熟，起鍋挾掉何首烏藥渣即可。

補血芋頭糊

材 料
當歸 1 錢　熟地黃 1 錢　白芍 1 錢　川芎 1 錢　芋頭 150 克　鮮奶 200CC
在來米粉 20 克　鹽少許

功 效
補血生血、豐胸、通乳汁、增強免疫功能、促進新陳代謝。

做 法
1. 當歸、熟地黃、白芍、川芎洗淨備用。
2. 芋頭洗淨，去皮，切薄片，蒸熟，壓成泥狀，和在來米粉，放入鮮奶中攪勻成芋頭奶備用。
3. 當歸、熟地黃、白芍、川芎放入鍋內，加 400CC 冷水，大火煮滾，改小火煮 30 分鐘，撈去藥渣，轉中火，加芋頭奶，邊煮邊攪拌，糊滾加鹽即可。

肉蓯蓉羊肉湯

材 料
肉蓯蓉 1 錢　羊肉 130 克　鮮栗子 6 粒　米酒 200CC　鹽少許　薑絲少許

功 效
補腎、補血、益精氣、抗衰老、促進新陳代謝、增強體質。

做 法
1. 肉蓯蓉、栗子洗淨備用。
2. 羊肉洗淨切片，汆燙，沖涼備用。
3. 羊肉、肉蓯蓉、栗子、米酒放入鍋內，加 200CC 冷水，用電鍋煮熟，起鍋挾掉
   藥渣，加薑絲、鹽即可。

認識中藥

肉蓯蓉

早餐	午餐	晚餐
湯 歸芍肋排湯	湯 膠棗牛肉湯	湯 五仲腰花湯
家常菜 炒番薯葉 炒淡菜	家常菜 豌豆炒干貝 扁蒲炒雞胸肉	家常菜 炒青花菜 紅蘿蔔炒肉片
水果 百香果 1 粒	水果 蘋果半粒	水果 石榴半粒
早上點心 蓮子鱸魚粥	下午點心 巴戟天豬肝湯 （做法請見第 84 頁）	晚上點心 黃耆石斑湯 （做法請見第 46 頁）

歸芍肋排湯

材 料

當歸 1.5 錢　炒白芍 1.5 錢　肋排 150 克　蔥花少許　鹽少許

功 效

補血活血、養血補精、促進新陳代謝、增強體質。

做 法

1. 當歸、炒白芍洗淨備用。
2. 排骨洗淨，汆燙，沖涼備用。
3. 當歸、炒白芍、排骨放入鍋內，加 400CC 冷水，用電鍋煮熟，起鍋挾掉黃耆、炒白芍藥渣，加蔥花、鹽即可。

蓮子鱸魚粥

材 料

鮮蓮子 30 克　鱸魚肉 50 克　四季豆 30 克（約 4 根）　燕麥片 30 克
薑絲少許　鹽少許　蔥花少許

功 效

補氣補血、增強體質、增泌乳、益腎強身。

做 法

1. 蓮子洗淨，切碎備用。
2. 鱸魚洗淨去骨取肉，切丁備用。
3. 四季豆洗淨，去豆筋，切丁備用。
4. 蓮子放入鍋內，加 500CC 冷水，大火煮滾，改小火煮至蓮子熟，轉中火，放入
   鱸魚、四季豆、麥片煮熟，加薑絲、蔥花、鹽即可。

膠棗牛肉湯

材 料
阿膠 2 錢　紅棗 3 粒　牛肉 120 克　木瓜肉 50 克　薑絲少許　蔥花少許
鹽少許

功 效
補血養血、促進新陳代謝、增強體質、加強抵抗力。

做 法
1. 阿膠搗碎備用。
2. 紅棗洗淨備用。
3. 牛肉洗淨切片，汆燙，沖涼備用。
4. 木瓜洗淨，去皮、籽，取果肉 50 克，切小塊備用。
5. 阿膠、紅棗、牛肉、木瓜放入鍋內，加 400CC 冷水，用電鍋煮熟，起鍋加薑絲、
   蔥花、鹽即可。

五仲腰花湯

材 料

五味子 5 分　杜仲 2 錢　腰子、腰尺各 100 克（或豬腎 1 粒）
黑麻油 1 湯匙　米酒 200CC　老薑 5 片　鹽少許

功 效

滋腎生津、補肝腎、壯筋骨、強腰膝、補精、促進新陳代謝、增強體質。

做 法

1. 五味子、杜仲洗淨備用。
2. 腰子切開洗淨，去白色筋膜，用刀尖畫交叉斜線再切片，汆燙，沖涼備用。
3. 腰尺洗淨切薄片，汆燙，沖涼備用。
4. 五味子、杜仲放入鍋內，加 800CC 冷水，大火煮滾，改小火煮 30 分鐘，去藥渣取汁備用。
5. 黑麻油倒入鍋內，開中火，爆香薑片，放入腰尺炒熟，倒入藥汁、米酒，湯滾放入腰子煮熟，加鹽即可。

認識中藥

五味子

第四階段
（產後第24天～滿月）

月子餐調理要點

1. 補血補氣
2. 加強骨盆、子宮復原
3. 加強筋骨復原
4. 恢復肌肉彈性

早餐	午餐	晚餐
湯	湯	湯
杜仲板栗排骨湯	麻油仙肉湯	核桃耆雞湯
家常菜	家常菜	家常菜
炒高麗菜	炒甜椒	四季豆炒干貝
清蒸九孔	炒腰果蝦仁	炒青江菜
水果	水果	水果
葡萄 12 粒	木瓜 150 克	櫻桃 8 粒
早上點心	下午點心	晚上點心
龍眼蓮子粥	不留行鮭魚湯	黨參山藥牛肉粥
	（做法請見第 95 頁）	

杜仲板栗排骨湯

材 料

杜仲 3 錢　紅棗 5 粒　黑棗 5 粒　鮮栗子 6 粒　排骨 130 克（約 4 塊）
鹽少許

功 效

補血養血、補腎、加強筋骨復原，促進骨盆及子宮復原、改善產後腰痠痛。

做 法

1. 杜仲、紅棗、黑棗、栗子洗淨備用。
2. 排骨洗淨，氽燙，沖涼備用。
3. 杜仲、紅棗、黑棗、栗子、排骨放入鍋內，加 800CC 冷水，大火煮滾，改小火煮 30 分鐘，挾掉杜仲藥渣，加鹽即可。

龍眼蓮子粥

材 料

鮮蓮子 50 克　鮮龍眼 12 粒（或桂圓肉 30 克）燕麥片 30 克

功 效

養心補腎、補血益氣、促進肌肉恢復彈性。

做 法

1. 蓮子洗淨，切碎備用。

2. 鮮龍眼洗淨去殼，冷開水沖過，去籽，取肉剁碎備用。（若是用桂圓肉，切碎備用）。

3. 蓮子放入鍋內，加600CC冷水，大火煮滾，改小火煮至蓮子熟，放入燕麥片煮熟，加龍眼肉，粥滾即可。

附注：若是用桂圓肉，則和蓮子同煮。

麻油仙肉湯

材 料
淫羊藿 1 錢（又名仙靈脾，紗布袋裝）　枸杞 3 錢　當歸 1 錢
雞肉（帶骨）150 克　老薑 5 克　黑麻油 1 湯匙　米酒 400CC

功 效
補腎、促進筋骨復原、增進子宮恢復、行氣、明目。

做 法
1. 枸杞、當歸洗淨備用。
2. 雞肉洗淨，切塊去皮，瀝乾水，備用。
3. 老薑洗淨，拍碎備用。
4. 黑麻油倒入鍋內，開中火，爆香老薑，放入雞肉翻炒數下，加淫羊藿、枸杞、當歸、酒、400CC 冷水，轉大火煮滾，改小火煮 30 分鐘，挾掉當歸、淫羊藿藥渣即可。

認識中藥

淫羊藿（又名仙靈脾）

核桃耆雞湯

材 料
黃耆 3 錢　核桃仁 30 克　烏骨雞（帶骨）130 克　米酒 200CC

功 效
補氣生血、健脾益胃、促進肌肉彈性、增強抵抗力。

做 法
1. 黃耆洗淨備用。
2. 烏骨雞洗淨切塊，汆燙，沖涼備用。
3. 黃耆、核桃、雞肉、酒放入鍋內，加 300CC 冷水，用電鍋煮熟，起鍋挾掉黃耆
   藥渣即可。

黨參山藥牛肉粥

材 料
黨參 3 錢　鮮山藥 50 克　牛肉 50 克　蓬萊米 50 克　薑絲少許　蔥花少許
鹽少許

功 效
補氣血、補腎、增進體力、增進肌肉彈性。

做 法
1. 米、黨參洗淨備用。
2. 山藥洗淨去皮，切小丁備用。
3. 牛肉洗淨切小丁，汆燙，沖涼備用。
4. 黨參、山藥、牛肉、米放入鍋內，加 400CC 冷水，用電鍋煮熟，起鍋挾掉黨參
   藥渣，加薑絲、蔥花、鹽即可。

產後
第25天

早餐	午餐	晚餐
湯	湯	湯
紅棗杜仲豬筋湯	腰果參蝦湯	產後強筋壯骨補腎湯
家常菜	家常菜	家常菜
炒四季豆	煎牛排	炒茼蒿菜
清蒸鱈魚	炒番薯葉	煎鮭魚
水果	水果	水果
芭樂半粒	桃子 1 粒	紅毛丹 6 粒
早上點心	下午點心	晚上點心
耆棗豬心湯	阿膠紅棗肉片湯	調和五臟粥
（做法請見第 69 頁）	（做法請見第 88 頁）	

紅棗杜仲豬筋湯

材 料

紅棗 5 粒　杜仲 2 錢　豬筋 120 克　鹽少許　薑絲少許

功 效

益氣補血、補腎舒筋、幫助子宮恢復、促進骨盆及筋骨恢復、促進肌肉恢復彈性。

做 法

1. 紅棗、杜仲洗淨備用。
2. 豬筋洗淨，切小段備用。
3. 紅棗、杜仲放入鍋內，加 800CC 冷水，大火煮滾，改小火煮 30 分鐘，挾掉杜仲藥渣，轉中火，放入豬筋，豬筋熟爛，加鹽、薑絲即可。

腰果參蝦湯

材 料
黨參 2 錢　腰果 30 克　鮮蝦 150 克　米酒 1 湯匙　薑絲少許　鹽少許
黑麻油少許

功 效
養血、補腦、益氣、補腎、健脾、通乳、促進子宮及筋骨恢復。

做 法
1. 黨參洗淨備用。
2. 鮮蝦洗淨，剪去鬚備用。
3. 黨參放入鍋內，加 800CC 冷水，大火煮滾，改小火煮 30 分鐘，挾掉黨參藥渣，
　 轉中火，放入腰果、鮮蝦煮熟，加米酒、薑絲、鹽、黑麻油即可。

注意事項
對腰果過敏者忌食。

產後強筋壯骨補腎湯

材 料

紅棗 5 粒　當歸 1 錢　續斷 5 分　骨碎補 5 分　補骨脂 5 分　杜仲 2 錢
（以上中藥材除紅棗外，其餘裝在紗布袋內。）泥鰍 2 條（或肋排 150 克）
鮮栗子 5 粒　半熟木瓜肉 80 克　山藥 50 克　薑絲少許　鹽少許　米酒 2 湯匙

功 效

強筋壯骨、改善產後腰痠痛、增強肌肉彈性、促進骨盆及筋骨、子宮恢復。

做 法

1. 活泥鰍放冷凍庫一天，取出用湯匙刮去黏液，去腸雜，洗淨備用。
2. 栗子洗淨備用。
3. 木瓜洗淨，去皮、籽，取果肉 50 克，冷開水沖過，切小塊備用。
4. 山藥洗淨，去皮切小塊備用。
5. 杜仲、補骨脂、骨碎補、續斷、當歸洗淨裝入紗布袋內，和紅棗、栗子放入鍋內，
   加 800CC 冷水，大火煮滾，改小火煮 30 分鐘，挾掉紗布袋，轉中火，放入山藥、
   泥鰍、酒、薑絲，待泥鰍熟時，加入木瓜、鹽，湯滾即可。

認識中藥

骨碎補　　　　　補骨脂　　　　續斷（又名六汗）

杜仲皮在折斷時，會
有細密的白絲拉出，
因為杜仲樹的葉、皮
及枝條，富含杜仲膠。

調和五臟粥

材 料
黃耆 1 錢　熟地黃 1 錢　肉桂 5 分（以上藥材用紗布袋裝）　枸杞 1 錢
羊肉片 50 克（可用火鍋羊肉片）　薑絲少許　蔥花少許　蓬萊米 50 克

功 效
補氣補血、增強體能、調和五臟、促進子宮及肌肉恢復、增強抵抗力。

做 法
1. 米、枸杞洗淨備用。
2. 黃耆、熟地黃、肉桂洗淨，放入紗布袋，袋口繫緊備用。
3. 羊肉片洗淨，切碎備用。
4. 放藥材的紗布袋、枸杞、羊肉、米放入鍋內，加 400CC 冷水，用電鍋煮熟，起
   鍋挾出藥袋，加薑絲、蔥花即可。

產後
第26天

早餐	午餐	晚餐
湯	湯	湯
杜仲補血肉片湯	黃精鱔魚湯	首烏牛肉湯
家常菜	家常菜	家常菜
炒西施舌	鹹水雞	洋蔥蝦仁炒蛋
炒豆苗	蒜苗炒花枝	煎香魚
水果	水果	水果
水蜜桃 1 粒	蜜李 1 粒	葡萄 12 粒
早上點心	下午點心	晚上點心
紅棗蘋果粥	木瓜豬蹄湯	二仁葡萄糊
	（做法請見第 59 頁）	（做法請見第 112 頁）

杜仲補血肉片湯

材 料

當歸 1 錢　熟地黃 1 錢　炒白芍 1 錢　川芎 1 錢　杜仲 2 錢　梅花肉 120 克
薑絲少許

功 效

行氣補血、養血活血、促
進子宮恢復、健腰膝、加
強筋骨及骨盆、肌肉復
原。

做 法

1. 當歸、熟地黃、炒白芍、
   川芎、杜仲洗淨備用。
2. 豬肉洗淨，切片，汆燙，
   沖涼備用。
3. 當歸、熟地黃、白芍、
   川芎、杜仲放入鍋內，
   加 800CC 冷水，大火

煮滾，改小火煮 30 分鐘，撈掉藥渣，轉中火，放入肉片煮熟，加薑絲即可。

紅棗蘋果粥

材 料

紅棗 3 粒　蘋果 50 克　豬絞肉 50 克　蓬萊米 50 克　鹽少許　蔥花少許

功 效

補血安神、益智健脾、促進肌肉恢復彈性。

做 法

1. 米、紅棗洗淨備用。
2. 蘋果洗淨，去皮、籽，切小丁備用。
3. 紅棗、蘋果、豬絞肉、米放入鍋內，加 400CC 冷水，用電鍋煮熟，起鍋加蔥花、鹽即可。

黃精鱔魚湯

材 料

黃精 2 錢　鱔魚 120 克　老薑片 5 片　米酒 200CC

功 效

滋補強壯、補血益氣、促進子宮恢復、增加肌肉彈性、增強骨盆及筋骨復原。

做 法

1. 黃精洗淨備用。
2. 活鱔魚放入冷凍庫冰凍一天,洗去黏液,切小段,去腸雜,洗淨,汆燙沖涼備用。
3. 黃精、鱔魚、薑片、米酒放入鍋內,加 200CC 冷水,用電鍋煮熟,起鍋挾掉藥渣即可。

首烏牛肉湯

材 料

紅棗 5 粒　何首烏 3 錢　牛肉 120 克　薑絲適量　蔥花少許

功 效

補血、健腦、促進肌肉恢復彈性、加強筋骨及骨盆復原。

做 法

1. 紅棗、何首烏洗淨備用。
2. 牛肉洗淨切薄片，汆燙，沖涼備用。
3. 紅棗、何首烏、牛肉放入鍋內，加 400CC 冷水，用電鍋煮熟，起鍋挾掉何首烏藥渣，加薑絲、蔥花即可。

早餐	午餐	晚餐
湯	湯	湯
巴戟排骨湯	黃精續斷腰花湯	花枝補氣血湯
家常菜	家常菜	家常菜
甜椒炒雞肉片	蔥油雞	炒高麗菜
鮑魚炒青江菜	玉米筍炒蝦仁	清蒸鯽魚
水果	水果	水果
鳳梨 150 克	芭樂半粒	釋迦半粒
早上點心	下午點心	晚上點心
山藥荔枝粥	豬蹄鱸魚湯	黑棗芋頭糊
	（做法請見第 93 頁）	

巴戟排骨湯

材　料

巴戟天 3 錢　山藥 80 克　排骨 150 克　鮮栗子 6 粒　鹽少許

功　效

補腎、養胃、增強骨盆及筋骨復原、促進子宮恢復。

做　法

1. 巴戟天洗淨備用。
2. 山藥去皮洗淨，切塊備用。
3. 排骨洗淨，汆燙，沖涼備用。
4. 栗子洗淨備用。
5. 巴戟天、山藥、排骨、栗子放入鍋內，加 400CC 冷水，用電鍋煮熟，起鍋挾掉巴戟天藥渣，加鹽即可。

山藥荔枝粥

材 料
鮮山藥 50 克　鮮蓮子 30 克　鮮荔枝 10 粒（或乾荔枝肉 30 克）　蓬萊米 50 克

功 效
益腎、補血、幫助子宮復原、增加肌膚彈性。

做 法
1. 米、蓮子洗淨備用。
2. 山藥洗淨去皮，切小丁備用。
3. 荔枝洗淨去殼，冷開水沖過，去籽取肉，剁碎備用（若是用乾荔枝肉，切碎備用）。
4. 山藥、蓮子、米放入鍋內，加 800CC 冷水，大火煮滾，改小火煮至粥熟，熄火加荔枝即可。（若用乾荔枝肉，粥 8 分熟時，放入荔枝肉，煮至粥熟即可。）

黃精續斷腰花湯

材 料
黃精 1.5 錢　續斷 1 錢　紅棗 8 粒　腰子、腰尺各 100 克（或豬腎 1 粒）
黑麻油 1 湯匙　老薑 5 克　酒 200CC　鹽少許

功 效
補肝腎、壯筋骨、強腰膝、加強骨盆及筋骨復原、促進子宮恢復。

做 法
1. 紅棗洗淨，去籽，剁碎備用。
2. 黃精、續斷洗淨，和紅棗放入鍋內，加 800CC 冷水，大火煮滾，改小火煮 30 分鐘，去藥渣取汁備用。
3. 腰子切開洗淨，去白色筋膜，用刀尖畫交叉斜線再切片，汆燙，沖涼備用。
4. 腰尺洗淨切薄片，汆燙，沖涼備用。
5. 老薑洗淨，拍碎備用。
6. 黑麻油倒入鍋內，開中火，爆香薑母，放入腰尺炒熟，轉大火，加藥汁、酒、腰子，腰子熟，加鹽即可。

花枝補氣血湯

材 料

當歸 1 錢　熟地黃 1 錢　白芍 1 錢　川芎 1 錢　黨參 1 錢　茯苓 1 錢
炒白朮 1 錢　炙甘草 1 錢　杜仲 2 錢（以上藥材洗淨後紗布袋裝）
紅棗 5 粒　花枝 120 克　米酒 200CC　老薑片 3 片

功 效

大補氣血、行氣造血、養血、催乳、促進子宮、骨盆復原、幫助肌肉恢復彈性及
筋骨復原。

做 法

1. 將所有藥材洗淨，除紅棗外，其餘藥材用紗布袋裝，袋口繫緊備用。
2. 花枝洗淨，切片備用。
3. 所有藥材、生薑片、米酒放入鍋內，加 500CC 冷水，大火煮滾，改小火煮 30 分
   鐘，挾掉紗布袋，轉中火，放入花枝煮熟即可。

黑棗芋頭糊

材料
黑棗 5 粒　芋頭 100 克　在來米粉 20 克　鹽少許

功效
補腎、補血養血、增強免疫功能、幫助子宮復原、增進肌膚彈性。

做法
1. 黑棗洗淨，去籽，切碎備用。
2. 芋頭洗淨，去皮，切薄片，蒸熟，壓成泥狀備用。
3. 黑棗、芋頭、在來米粉放入鍋內，加 400CC 冷水攪拌均勻，用電鍋煮熟，起鍋加鹽即可。

認識中藥

黑棗　　　　　紅棗

黑棗和紅棗的區別
1. 大棗性味甘溫，依加工方法的不同，可分為黑棗和紅棗。
2. 黑棗是大棗經過低溫薰焙至棗皮發黑、發亮的製品，市面上以此種黑棗居多。另一種黑棗是西洋李子製成的黑棗（加州蜜棗），果粒較大又稱西洋棗。
3. 紅棗是大棗經過曬乾的製品。
4. 黑棗與紅棗皆有補中益氣、健脾養胃、生津液、保肝、緩和藥性、養血補血的功效。但紅棗燥熱少，所以常用來入補劑；黑棗滋陰補腎、養血補中較勝。

早餐	午餐	晚餐
湯	湯	湯
五加皮栗子湯	黨參腰花湯	熟地鮮蝦湯
家常菜	家常菜	家常菜
炒青花菜	甜豆炒肉絲	滑蛋牛肉
清蒸九孔	甜椒炒干貝	炒番薯葉
水果	水果	水果
蜜棗 1 粒	蘋果半粒	桃子 1 粒
早上點心	下午點心	晚上點心
寄生杜仲湯	山藥花生蔗汁糊	紅棗鮭魚粥

五加皮栗子湯

材 料

五加皮 5 分（紗布袋裝）　枸杞 3 錢　鮮栗子 7 粒　豬瘦肉 100 克
老薑片 5 片　鹽少許

功 效

補血益氣、滋養新血、強
筋健骨、促進骨盆及筋骨
復原、增強肌肉彈性。

做 法

1. 五加皮洗淨，紗布袋裝
   備用。
2. 枸杞、栗子洗淨備用。
3. 豬肉洗淨，切片，汆燙，
   沖涼備用。
4. 五加皮、枸杞、栗子、
   豬肉、薑片放入鍋內，
   加 400CC 冷水，用電鍋
   煮熟，起鍋挾掉五加皮藥渣，加鹽即可。

寄生杜仲湯

材 料

桑寄生 2 錢　杜仲 2 錢　枸杞 3 錢　鮮蓮子 50 克　排骨 120 克　鹽少許

功 效

補肝腎、強筋骨、健腰膝、促進子宮恢復、增強骨盆及筋骨復原、改善產後腰痠痛。

做 法

1. 桑寄生、杜仲、枸杞、蓮子洗淨備用。
2. 排骨洗淨，汆燙沖涼備用。
3. 桑寄生、杜仲、枸杞、蓮子、排骨放入鍋內，加 400CC 冷水，用電鍋煮熟，起鍋挾掉桑寄生、杜仲藥渣，加鹽即可。

認識中藥

五加皮　　　桑寄生

黨參腰花湯

材 料

黨參 3 錢　紅棗 5 粒　腰子、腰尺各 100 克（或豬腎 1 粒）　腰果 30 克
老薑 5 克　黑麻油 1 湯匙　米酒 200CC

功 效

益腎養肝、益氣補血、補腎強腰、促進骨盆及子宮復原、增加肌膚彈性。

做 法

1. 黨參、紅棗洗淨，放入鍋內，加 500CC 冷水，大火煮滾，改小火煮 30 分鐘，挾掉黨參藥渣，取紅棗和藥汁備用。
2. 腰子切開洗淨，去白色筋膜，用刀尖畫交叉斜線再切片，汆燙，沖涼備用。
3. 腰尺洗淨切薄片，汆燙，沖涼備用。
4. 老薑洗淨，拍碎備用。
5. 黑麻油倒入鍋內，開中火，爆香薑，加腰尺炒熟，轉大火，倒入藥汁、紅棗、米酒，湯滾加腰子、腰果，腰子煮熟即可。

山藥花生蔗汁糊

材料

山藥 100 克　花生粉 30 克　在來米粉 20 克　甘蔗汁 400CC

功效

補中益氣、強筋骨、生津止渴、增進泌乳、促進骨盆及筋骨復原。

做法

1. 山藥洗淨，去皮，切碎備用。

2. 山藥、花生粉、在來米粉、甘蔗汁放入鍋內，攪拌均勻，用電鍋煮熟即可。

附注：甘蔗汁生飲性甘寒，加熱則性轉溫，有補益功效。

熟地鮮蝦湯

材 料

熟地黃 3 錢　鮮蝦 150 克　薑絲少許　鹽少許　米酒 1 湯匙　黑麻油 1 湯匙

功 效

補血、益精髓、通乳、恢復肌肉彈性、促進子宮及骨盆、筋骨復原。

做 法

1. 熟地黃洗淨備用。
2. 鮮蝦洗淨，剪去鬚備用。
3. 熟地黃放入鍋內，加 800CC 冷水，大火煮滾，改小火煮 30 分鐘，撈去熟地黃藥渣，轉中火，放入鮮蝦、薑絲，蝦熟加鹽、米酒、黑麻油即可。

紅棗鮭魚粥

材 料

紅棗 3 粒　鮮黃玉米 1/3 支　鮭魚 80 克　薑絲少許　鹽少許　蓬萊米 50 克

功 效

養血、補血、健脾胃、強腦、健目、增進肌肉彈性。

做 法

1. 米、紅棗洗淨備用。
2. 黃玉米去外葉、鬚，洗淨，用刀削下玉米粒備用。
3. 鮭魚洗淨去骨，切小丁備用。
4. 紅棗、玉米、鮭魚、米放入鍋內，加 400CC 冷水，用電鍋煮熟，起鍋加薑絲、鹽即可。

早餐	午餐	晚餐
湯	湯	湯
寄續魚肚湯	五加皮排骨湯	烏雞大補湯
家常菜	家常菜	家常菜
高麗菜炒肉絲	煎帶魚	清蒸鱒魚
鳳梨炒蝦仁	鮑魚炒甜豆	洋蔥炒蛋
水果	水果	水果
芭樂半粒	木瓜 150 克	李子 1 粒
早上點心	下午點心	晚上點心
黨參棗雞湯	阿膠荔枝粥	山藥南瓜糊

（做法請見第 104 頁）

寄續魚肚湯

材 料

續斷 5 分　桑寄生 5 分　虱目魚肚 110 克（約半片）　鮮栗子 6 粒
薑絲少許　米酒 1 湯匙　黑麻油少許　鹽少許

功 效

補肝益腎、強筋壯骨、恢
復筋骨及骨盆健康、增強
子宮機能、加強肌肉彈
性。

做 法

1. 續斷、桑寄生、栗子、
   虱目魚肚洗淨備用。
2. 續斷、桑寄生、栗子放
   入鍋內，加 800CC 冷
   水，大火煮滾，改小火
   煮 30 分鐘，挾掉續斷、
   桑寄生藥渣，轉中火，

放入虱目魚肚、薑絲、酒、黑麻油，魚肉熟，加鹽即可。

五加皮排骨湯

材 料
五加皮 5 分（紗布袋裝）　紅棗 5 粒　桂圓肉 10 克　排骨 150 克　蔥花少許
鹽少許

功 效
補血、壯筋骨、幫助筋骨及骨盆復原。

做 法
1. 紅棗洗淨，果肉剝開備用。
2. 排骨洗淨，汆燙，沖涼備用。
3. 五加皮、紅棗、桂圓肉、排骨放入鍋內，加 400CC 冷水，用電鍋煮熟，起鍋挾
   掉五加皮藥渣，加蔥花、鹽即可。

阿膠荔枝粥

材 料
阿膠 3 錢　鮮荔枝 10 粒（或乾荔枝肉 50 克）　黑米 50 克

功 效
補血止血、補腎、養心安神、促進子宮復原、增進肌肉彈性。

做 法
1. 黑米快洗一遍備用。
2. 阿膠搗碎備用。
3. 鮮荔枝洗淨去殼，冷開水沖過，去籽，取果肉剁小片備用。（若用乾荔枝肉，切碎備用。）
4. 黑米放入鍋內，加 850CC 冷水，大火煮滾，改小火煮 30 分鐘，放入阿膠，邊煮邊攪拌，煮至阿膠融化、黑米熟爛，加荔枝肉，粥滾即可。

烏雞大補湯

材 料

肉桂 1 錢　黃耆 2 錢　川芎 1 錢　炒白朮 1 錢　茯苓 1 錢　當歸 1 錢
熟地黃 1 錢　黨參 2 錢（以上藥材洗淨後裝入紗布袋）　紅棗 3 粒
枸杞 2 錢　鮮山藥 80 克　烏骨雞雞肉（帶骨）150 克　米酒 200CC

功 效

大補氣血、增強體能、增進抵抗力、促進子宮恢復、幫助肌肉彈性復原。

做 法

1. 所有藥材洗淨，除紅棗、枸杞外，其餘藥材裝入紗布袋，袋口繫緊備用。
2. 山藥洗淨去皮，切塊備用。
3. 烏骨雞雞肉洗淨切塊，汆燙，沖涼備用。
4. 所有藥材、雞肉、山藥、酒放入鍋內，加 300CC 冷水，用電鍋煮熟，起鍋挾掉
   紗布袋即可。

認識中藥

炒白朮　　　　茯 苓

山藥南瓜糊

材 料

鮮山藥 80 克　南瓜 100 克　甘蔗汁 400CC

功 效

益胃、補腎、補脾、益氣、加強筋骨及骨盆復原、促進子宮恢復。

做 法

1. 山藥去皮洗淨，切碎備用。
2. 南瓜洗淨，去皮、籽，切碎備用。
3. 山藥、南瓜放入果汁機內，加甘蔗汁打成糊，倒入鍋內，中火煮，邊煮邊攪拌，糊滾即可。

附注：甘蔗汁生飲性甘寒，加熱則性轉溫，有補益功效。

早 餐	午 餐	晚 餐
湯	湯	湯
杜仲鱸魚湯	參精雞肉湯	續斷核桃排骨湯
家常菜	家常菜	家常菜
蝦仁炒豆苗	炒青江菜	干貝炒四季豆
腰果炒雞丁	煎鮭魚	蒜苗炒花枝
水果	水果	水果
葡萄 12 粒	蘋果半粒	鳳梨 150 克
早上點心	下午點心	晚上點心
阿膠棗薯糊	芎棗山藥豬心湯	榴槤蒸蛋粥

杜仲鱸魚湯

材 料

杜仲 2 錢　紅棗 3 粒　鱸魚 130 克　薑絲少許　鹽少許　米酒 200CC

功 效

補肝腎、健腰膝、促進筋骨及骨盆復原、幫助子宮恢復、改善產後腰痠痛、補血健脾、促進乳汁分泌。

做 法

1. 杜仲、紅棗洗淨備用。
2. 鱸魚去鱗片、腸雜，洗淨切塊，汆燙，沖涼備用。
3. 杜仲、紅棗、鱸魚、薑絲、酒放入鍋內，加 200CC 冷水，用電鍋煮熟，起鍋挾掉杜仲藥渣，加鹽即可。

附註：可將鱸魚改為鯉魚。

阿膠棗薯糊

材 料

阿膠 3 錢　紅棗 3 粒　紅番薯 80 克　番薯粉 20 克　細冰糖適量

功 效

補血、養血、止血、健脾益胃、加強子宮復原、增加肌膚彈性。

做 法

1. 阿膠搗細碎備用。
2. 紅棗洗淨，去籽，切碎備用。
3. 紅番薯洗淨去皮，切碎備用。
4. 阿膠、紅棗、紅番薯、番薯粉、細冰糖放入鍋內，加 400CC 冷水攪拌均勻，用電鍋煮熟即可。

參精雞肉湯

材 料

黨參 2 錢　黃精 2 錢　雞肉（帶骨）150 克　馬鈴薯 80 克

功 效

補中益氣、強筋骨、減緩衰老、增強筋骨及骨盆復原、增加肌膚彈性。

做 法

1. 黨參、黃精洗淨備用。
2. 雞肉洗淨切塊，汆燙，沖涼備用。
3. 馬鈴薯去皮、挖去芽眼，洗淨，切滾刀塊備用。
4. 黨參、黃精、雞肉、馬鈴薯放入鍋內，加 400CC 冷水，用電鍋煮熟，起鍋挾掉黨參、黃精藥渣即可。

滾刀塊示意圖

芎棗山藥豬心湯

材 料

紅棗 3 粒　川芎 1 錢　豬心 1/3 顆　山藥 80 克　黑麻油 1 湯匙
米酒 200CC　老薑片 5 片

功 效

行氣、補血、補氣、養心安神、促進肌肉彈性、幫助子宮及骨盆恢復。

做 法

1. 紅棗、川芎洗淨，放入鍋內，加 600CC 冷水，大火煮滾，改小火煮 30 分鐘，去
   藥渣取汁備用。
2. 山藥洗淨去皮，切片備用。
3. 豬心去瘀血、筋膜，洗淨，切薄片，汆燙，沖涼備用。
4. 黑麻油倒入鍋內，開中火，爆香薑片，加豬心、山藥翻炒數下，轉大火，倒入
   藥汁、酒，豬心熟即可。

續斷核桃排骨湯

材 料

續斷 2 錢　紅棗 5 粒　黑棗 5 粒　核桃仁 30 克　肋排 120 克　蔥花少許

功 效

補肝腎、益氣血、補骨、健腰膝、促進骨盆及筋骨復原、幫助子宮復原、改善產後腰痠痛。

做 法

1. 續斷洗淨備用。
2. 紅棗、黑棗洗淨，剝開去籽，取果肉備用。
3. 肋排洗淨，汆燙沖涼備用。
4. 續斷、紅棗、黑棗、排骨放入鍋內，加 800CC 冷水，大火煮滾，改小火煮 30 分鐘，挾掉續斷藥渣，放入核桃仁煮熟，加蔥花即可。

榴槤蒸蛋粥

材 料

鮮榴槤果肉 80 克（可用榴槤乾 30 克代替）雞蛋 1 粒　白糖適量　蓬萊米 50 克

功 效

活血散寒、補充體力、增強免疫力、促進子宮恢復、加強肌膚彈性。

做 法

1. 米洗淨備用。
2. 榴槤肉切碎備用。（若用榴槤乾，則要剁碎。）
3. 雞蛋洗淨，去殼備用。
4. 榴槤、雞蛋、米放入鍋內，加 400CC 冷水，攪拌均勻（雞蛋要攪散），用電鍋煮熟，起鍋加白糖即可。

飲料篇

桂圓黑豆茶

材 料

桂圓肉 30 克　紅棗 8 粒　黑豆 30 克

功 效

養心補血、安神補虛、使肌膚紅潤、幫助肌膚恢復彈性。

做 法

1. 桂圓肉切碎備用。
2. 紅棗洗淨，去籽，果肉切碎備用。
3. 黑豆洗淨備用。
4. 桂圓肉、紅棗、黑豆放入鍋內，加 1200CC 冷水，大火煮滾，改小火煮 30 分鐘，
   去藥渣取汁即可。

五加百香酪梨飲

材 料

刺五加 2 錢（紗布袋裝）百香果 1 粒　酪梨肉 80 克　蜂蜜適量

功 效

恢復體力、消除疲勞、增強抵抗力、美白肌膚、幫助消化。

做 法

1. 酪梨洗淨，去皮、籽，取肉 80 克備用。
2. 百香果洗淨，瀝乾水，切開取穰包（籽）備用。
3. 刺五加放入鍋內，加 1000CC 冷水，大火煮滾，改小火煮 30 分鐘，濾去藥渣，取汁待涼備用。（注意：刺五加的刺，不可殘留在藥汁中。）
4. 藥汁、百香果、酪梨、蜂蜜，放入果汁機內，打成果汁即可。

降火生津飲 （產婦沒有「火氣」現象不可飲用）

材 料

天花粉 1 錢　甘草 3 片　紅棗 5 粒　熟木瓜肉 150 克　柳橙 1 粒　白糖適量

功 效

清熱降火、生津止渴、健脾開胃、美白肌膚、促進泌乳、增強免疫力。

做 法

1. 木瓜洗淨，去皮、籽，取果肉 150 克切塊備用。
2. 柳橙洗淨，瀝乾水，去皮，冷開水沖過，去籽，果肉切塊備用。
3. 天花粉、甘草、紅棗洗淨（紅棗洗淨後要撥開果肉），放入鍋內，加 1000CC 冷水，大火煮滾，加白糖，改小火煮 30 分鐘，去藥渣，取汁待涼備用。
4. 藥汁、木瓜、柳橙，放入果汁機內，打成果汁即可。

注意事項

1. 柳橙清熱生津、健脾開胃、性涼。有「火氣」現象的產婦（例如：牙齦腫痛、流鼻血、口破、舌破、嚴重便秘等），適合飲用本飲品，但「上火」的現象消失則不能再喝。
2. 天花粉有引起子宮收縮的作用，會導致流產或早產，孕婦忌喝本飲品。
3. 可用柳丁替代柳橙，柳丁亦性涼。

認識中藥

天花粉

172

補血養肝茶

材 料

烏梅 1 粒　紅棗 5 粒　黑棗 5 粒

功 效

補血、養血、保肝、養肝、生津止渴、美容養顏。

做 法

1. 烏梅洗淨備用。

2. 紅棗、黑棗洗淨，皆去籽，果肉切碎備用。

3. 烏梅、紅棗、黑棗放入鍋內，加 1000CC 冷水，大火煮滾，改小火煮 30 分鐘，
   去藥渣取汁即可。

認識中藥

烏梅

杞棗蘋果飲

材 料

枸杞 3 錢　紅棗 5 粒　蘋果 150 克　蜂蜜適量

功 效

補血、明目、健腦、美容養顏、增進肌肉彈性、增強免疫力。

做 法

1. 枸杞洗淨備用。
2. 紅棗洗淨，去籽，取果肉切碎備用。
3. 蘋果洗淨，瀝乾水，去皮、籽，冷開水沖過，取果肉切塊備用。
4. 枸杞、紅棗放入鍋內，加 800CC 冷水，大火煮滾，改小火煮 30 分鐘，不必去渣，待涼備用。
5. 藥汁、蘋果、蜂蜜，放入果汁機內，打成果汁即可。

黨參松子飲

材 料
黨參 3 錢　松子仁 20 克　無籽葡萄 100 克

功 效
補血益氣、提神醒腦、消除疲勞、增強抵抗力、美容養顏。

做 法
1. 黨參洗淨備用。
2. 松子仁乾鍋、文火炒香備用。
3. 無籽葡萄用剪刀一粒一粒從蒂頭處剪下，泡冷水 15 分鐘後洗淨，瀝乾水，冷開水洗過，不必去皮，備用。
4. 黨參放入鍋內，加 900CC 冷水，大火煮滾，改小火煮 30 分鐘，去藥渣取汁備用。
5. 在藥汁溫熱時，加葡萄、松子仁放入果汁機內，打成果汁即可。

首烏葡萄茶

材 料

何首烏 3 錢　葡萄乾 30 克

功 效

養血、補血、消除疲勞、烏髮美甲、增加肌膚彈性。

做 法

1. 何首烏洗淨備用。

2. 葡萄乾切碎備用。

3. 何首烏、葡萄乾放入鍋內，加 1000CC 冷水，大火煮滾，改小火煮 30 分鐘，去
   藥渣取汁即可。

玫瑰荔枝茶

材 料

紅色玫瑰花（乾品）3 克　乾荔枝肉 30 克

功 效

行氣和血、溫中止痛、補血安神、美容養顏、改善產後子宮冷痛。

做 法

1. 乾荔枝肉切碎備用。

2. 紅色玫瑰花揀去雜質，花苞剪碎備用。

3. 乾荔枝肉放入鍋內，加 1000CC 冷水，大火煮滾，改小火煮 20 分鐘，放入玫瑰花，**大火煮滾 5 分鐘熄火**，去藥渣取汁即可。

附注：無乾荔枝肉可用桂圓肉替代。

安神助眠茶 （本飲品取自《蔬果養生健康 DIY》）

材 料

桂圓肉 30 克　炒酸棗仁 3 錢　夜交藤 3 錢　茉莉花 5 克

功 效

補血、寧心、安神、助眠。

做 法

1. 桂圓肉切碎備用。
2. 炒酸棗仁、夜交藤、茉莉花洗淨備用。
3. 桂圓肉、炒酸棗仁、夜交藤、茉莉花放入鍋內，加 900CC 冷水，大火煮滾，改小火煮 30 分鐘，去藥渣，取汁即可。

認識中藥

炒酸棗仁　　　　夜交藤　　　　　茉莉花

五味子甘蔗茶

材 料

五味子 5 分（紗布袋裝）　甘蔗汁 400CC

功 效

益氣、生津止渴、保肝、養肝。

做 法

五味子放入鍋內，加 500CC 冷水，大火煮滾，改小火煮 30 分鐘，挾去五味子藥渣，
轉中火，加甘蔗汁煮滾即可。

黃精金桔茶

材 料

黃精 3 錢　金桔餅 50 克

功 效

補中益氣、生津止渴、增強免疫力、美白養顏。

做 法

1. 黃精洗淨備用。
2. 金桔餅切碎備用。
3. 黃精、金桔餅放入鍋內，加 900CC 冷水，大火煮滾，改小火煮 30 分鐘，去藥渣
   取汁即可。

泌乳茶

材 料

炒王不留行子 3 錢　通草 3 錢　紅棗 8 粒

功 效

促進乳腺暢通、增加泌乳量。

做 法

1. 炒王不留行子、通草洗淨備用。
2. 紅棗洗淨去籽，果肉切碎備用。
3. 炒王不留行子、通草、紅棗放入鍋內，加 1200CC 冷水，大火煮滾，改小火煮 30 分鐘，去藥渣取汁即可。

黑棗杜仲茶

材 料

黑棗 5 粒　杜仲 3 錢

功 效

補血補腎、壯腰膝、強筋骨、加強骨盆及筋骨復原、促進子宮恢復、改善產後腰痠痛。

做 法

1. 黑棗洗淨，去籽，果肉切碎備用。
2. 杜仲洗淨備用。
3. 黑棗、杜仲放入鍋內，加 900CC 冷水，大火煮滾，改小火煮 30 分鐘，去藥渣取汁即可。

續斷桂圓茶

材 料

續斷 2 錢　桂圓肉 50 克

功 效

補肝腎、強筋骨、補血止血、加強筋骨及骨盆復原、幫助肌膚恢復彈性。

做 法

1. 續斷洗淨備用。

2. 桂圓肉切碎備用。

3. 續斷、桂圓肉放入鍋內，加 900CC 冷水，大火煮滾，改小火煮 30 分鐘，去藥渣取汁即可。

美容養顏茶

材 料

玉竹 1 錢　黃耆 3 錢　紅棗 3 粒　枸杞 3 錢　檸檬汁 1 湯匙　蜂蜜適量

功 效

補氣血、保肝、明目、養顏美容，生津止渴、美白肌膚、增進肌肉彈性。

做 法

1. 玉竹、黃耆、紅棗、枸杞洗淨備用。
2. 玉竹、黃耆、紅棗、枸杞放入鍋內，加 900CC 冷水，大火煮滾，改小火煮 30 分
   鐘，去藥渣取汁，加檸檬汁、蜂蜜即可。

認識中藥

玉 竹

退奶茶

材 料
炒麥芽 60 克　紅棗 3 粒　紅糖適量

功 效
產婦回奶（退奶）、消除乳房脹痛。

做 法
1. 紅棗洗淨去籽，果肉切碎備用。
2. 炒麥芽挑去雜質備用。（如果買到沒炒過的麥芽，則用乾鍋小火炒過，麥芽炒至褐黃色即可。）
3. 炒麥芽、紅棗放入鍋內，加 700CC 冷水，大火煮滾，改小火煮 30 分鐘，去藥渣取汁，加紅糖即可。

注意事項
一天一帖，一次喝完，任何時間皆可喝，連喝三天。產婦要回奶時，嚴禁食葷腥食物及喝大量的湯。**產婦授乳期不可飲用退奶茶。**

認識中藥

生麥芽　　　　炒麥芽

消脂減肥茶

材 料
荷葉 3 錢　菊花 3 錢　金銀花 3 錢　山楂 3 錢

功 效
消脂、降血壓、幫助減重。

做 法
1. 荷葉、菊花、金銀花、山楂洗淨備用。
2. 荷葉、菊花、金銀花、山楂放入鍋內，加 1000CC 冷水，大火煮滾，改小火煮
　　30 分鐘，去藥渣取汁即可。

注意事項
1. 本飲品產婦要滿月後才可喝。授乳期產婦不能喝（會影響泌乳量）。
2. 每日一帖，當茶喝，至少連續喝一星期。

認識中藥

荷葉　　　　　　菊花　　　　　　山楂　　　　　　金銀花

腰瘦茶

材 料
紅豆 30 克　陳皮 2 錢　甘草 5 分　決明子 2 兩　山楂 3 錢

功 效
瘦腰腹、消脂。

做 法
1. 紅豆、陳皮、甘草、決明子、山楂洗淨備用。
2. 紅豆、陳皮、甘草、決明子、山楂放入鍋內，加 1200CC 冷水，大火煮滾，改小火煮 30 分鐘，去藥渣取汁即可。

注意事項
1. 本飲品產婦要滿月後才可喝。授乳期產婦不能喝（會影響泌乳量）。
2. 藥汁分成 3 碗，每餐飯前飲用。
3. 要瘦腰腹，則禁吃甜點、零食、宵夜。
4. 每日一帖，連續喝一星期。

認識中藥

決明子

瘦身飲

材 料

鮮山藥 80 克　　綠色奇異果 1 粒　　蘋果 80 克　　鮮奶 250CC

功 效

減重、瘦身、美容養顏、美白肌膚。

做 法

1. 山藥洗淨去皮，冷開水沖過，切小塊備用。
2. 奇異果洗淨去皮，冷開水沖過，切小塊備用。
3. 蘋果洗淨去皮、籽，冷開水沖過，切小塊備用。
4. 山藥、奇異果、蘋果、鮮奶放入果汁機內，打成果汁即可。

注意事項

1. 本飲品產婦要滿月後才可喝。授乳期產婦不能喝（會影響泌乳量）。
2. 本飲品份量是一天一次的量，每天當早餐喝，連續喝兩個星期。

刺五加蜜棗茶

材 料

刺五加 3 錢（紗布袋裝）乾蜜棗 3 粒

功 效

益氣養血、補腎安神、抗疲勞、抗衰老、加強筋骨及骨盆復原、增強免疫力、促進肌膚彈性。

做 法

1. 刺五加洗淨，紗布包，袋口繫緊備用。
2. 乾蜜棗切碎備用。
3. 刺五加、蜜棗放入鍋內，加 1000CC 冷水，大火煮滾，改小火煮 30 分鐘，過濾掉刺五加、蜜棗藥渣，取汁即可。

注意事項

刺五加的刺，不可殘留在藥汁中。

✐ 中藥小故事

當歸

從前在雲南的偏僻地方，有一個村莊，村內有一位新婚不久的青年，夫妻鶼鰈情深，但是為了生計，青年必須到深山採藥販賣，臨行前囑咐愛妻，倘若他三年不歸，允諾她改嫁他人。因為深山路途遙遠，無法通訊，青年一去三年全無音訊，其妻因思念丈夫，憂慮交加導致氣血兩虧，還得了嚴重的婦女病。婆婆見她日益形消神毀，心疼不已，就勸她改嫁。妻子本有不捨，但心想丈夫一去三年了無音訊，當是已不再人世了，便經不住勸說，於是改嫁了。

就在她改嫁後不久，採藥的青年回來了。當他得知妻子已改嫁，悔恨不已，於是託人捎信，要見妻子一面。兩人相見後，抱頭痛哭，青年得知她家境困頓，於是贈送一些藥材給她賣錢度日，遂轉頭離去。青年走後，這個多情又患病已久的妻子，感覺自己身世淒涼，又見前夫如此鐵石心腸，於是有了輕生的念頭，就胡亂拿前夫所贈的藥來煎服，想藉此藥來了卻殘生。誰知道連服了幾天，臉色漸紅潤，神情氣色變好，婦女病也治癒了。

後來人們記取這個青年上山採藥當歸而不歸，害妻子改嫁、恩愛夫妻倆離散的沉痛教訓，遂將此藥取名為「當歸」。

枸杞

在戰國時代，秦國境內黃河南岸香山北麓的平原上，有一個青年農夫，乳名叫做狗子，娶一個姓杞的妻子，以務農為生，勉強度日。杞氏賢淑，侍奉老母至孝，後來秦國要併吞六國，秦國的男丁被徵召拓疆征戰，狗子因此被召離開家鄉。

經過數年，狗子戍邊回來，看見家鄉正鬧饑荒，餓殍遍地，路人乞討，鄉人瘦如乾柴，狗子非常著急，不知老母和妻子是何種慘狀？回到家中，看到老母神采奕奕、髮如銀絲，妻子也面色紅潤，不像鬧饑荒的路人模樣，非常驚訝，問妻子原因。杞氏告訴他，自從他從軍後，即使整日操勞耕作，也只能勉強過活，而且加上近兩年蝗蟲災害，毫無收成，於是上山採紅色小果子給老母充飢。他的母親對狗子說，如果不是媳婦上山採小紅果子給她果腹，她早餓死了！狗子感動的涕流滿面，對妻子更加敬愛。鄉人聽說後，爭相採食，叫它為「狗杞食」。

後人發現狗子妻杞氏所採的紅果子，有補精血、益肝腎、明目的功效，民間醫生採來入藥，將小紅果子改名叫「枸杞子」。

王不留行（有舒筋活血、通經下乳、消癰、利尿通淋的功效）

隋朝末年，李世民和楊廣決戰於太行山下，雙方勢均力敵，傷亡慘重。為了要讓士兵盡快康復應戰，李世民苦無良藥，正巧有位叫吳行的農夫，拿了一種草藥，聲稱這種草藥對治療刀槍傷有特效。果然士兵們內服兼外敷這種草藥後，傷口很快就復原了。為了不讓敵軍獲得此藥，李世民下令封鎖消息，並將吳行滅口。李世民登基後，給這種草藥取名為「王不留行」，意味著王者不能留下吳行。

何首烏

從前有一個叫何田兒的人，從小體弱多病，到了 50 多歲還沒法娶妻。有天他出外喝酒，到半夜酒後回家，醉醺醺的醉倒在山野間，朦朧中看見兩株藤本植物，雖相距三尺多，蔓藤忽然相交在一起，久久才解開，然後又相交，反覆數次，何田兒見此景非常訝異，就將此植物連根拔回。他遍問眾人，無人知曉這是什麼植物。後來有一個人建議他，吃看看這個會分分合合的植物，何田兒把此藤和根研末泡成酒，每日服用，一年後所患疾病完全痊癒，原已花白的頭髮變得烏黑光亮，蒼老的容貌也變得煥發光彩。後來有位老人告訴田兒，這種藥名叫做「夜交藤」。

何田兒娶妻成家，十年內生了好幾個男孩，因此將本名田兒改成「能嗣」，後來他活到 160 歲，從此將本藥當成傳家寶。何能嗣讓兒子延秀依法照服，延秀也活到 100 多歲，並有兒子 30 人。延秀的兒子首烏，也常服此藥，也活到100 多歲，生了好多孩子。

夜交藤這個藥因此聲名大噪，很多人都來向何首烏要這種藥，久而久之，何首烏就成了夜交藤的代名詞了

何首烏為蓼科多年生纏繞草本植物，植物的塊根、藤莖、葉均可供藥用，塊根叫「何首烏」、藤莖叫「夜交藤」、葉叫「何首烏葉」。

骨碎補

從前唐玄宗李隆基因盪鞦韆摔傷了脊梁，骨頭疼痛不已，宮內太醫無人能治，於是張榜昭告天下，有一位民間醫生應榜進宮，用「猴姜」的草藥，內服兼外敷法，醫好了唐玄宗。皇帝覺得這個草藥叫猴姜不好聽，於是以藥的功效取名叫「骨碎補」。

國家圖書館出版品預行編目資料

美魔女月子餐／黃于芯編著. --初版. --臺北
市：幼獅，2016.12
面；　公分
ISBN 978-986-449-062-2（平裝）
1.婦女健康 2.產後照顧 3.食譜

429.13   105020564

美魔女月子餐

作　　　者＝黃于芯
出　版　者＝幼獅文化事業股份有限公司
發　行　人＝李鍾桂
總　經　理＝王華金
總　編　輯＝劉淑華
副總編輯＝林碧琪
主　　　編＝林泊瑜
編　　　輯＝周雅娣
美　　　編＝吳巧韻
總　公　司＝10045臺北市重慶南路1段66-1號3樓
電　　　話＝(02)2311-2832
傳　　　真＝(02)2311-5368
郵政劃撥＝00033368

門市

‧松江展示中心：10422臺北市松江路219號
　電話：(02)2502-5858轉734傳真：(02)2503-6601

印刷＝錦龍印刷實業股份有限公司　　幼獅樂讀網
定價＝420元　　　　　　　　　　　http://www.youth.com.tw
港幣＝140元　　　　　　　　　　　e-mail:customer@youth.com.tw
初版＝2016.12　　　　　　　　　　幼獅購物網
書號＝998026　　　　　　　　　　http://shopping.youth.com.tw